编写委员会

主　任　杜　牡

副主任　居　铭　王维峰

委　员　孙怀志　吴奎奎　林学会　安　雁

张　玲　王利中　孙化锋　葛绍建

张玉标　武兴军　颜张磊　郭海桥

沈超付　王朝阳　车国柱　田春会

吕　训　刘雪梅　李　艳　江杰明

米平安　朱铭静　葛　浩　宋　军

贾小利

中等职业学校“十三五”系列规划教材

GUANGFU
JISHU SHIXUN YU JINENG

光伏技术实训与技能

主　编　江杰明　孙化锋

副主编　刘　磊　于海涛　解　东
　　　　朱付光

参　编　居　铭　孙怀志　吴奎奎
　　　　米平安　张　涛　孙　杰
　　　　闫廷友　开春晴　张清清
　　　　马文静

合肥工业大学出版社

前　言

本教材适合中职学生光伏技术应用专业学生使用。从对常用元器件和光伏发电设备的认识，到理解光伏发电的原理，再到熟练掌握电池片结构及组装的过程，本书在巩固学生知识的同时，锻炼学生动手能力，使其掌握一定的技能，合格的产品还可用于构建学校光伏车棚，小型光伏电站等使用，具有非常好的效果。

本书是根据学校资源及人才培养方案，并结合当下社会市场对人才的需求，由本书编写成员经过认真研讨、撰写共同完成的一本教材。分为四个部分：认识元器件、认识光伏实训室、风光互补发电系统和 GF－SX10 光伏发电教学实训。

【认识元器件】

本部分主要介绍了电阻、电感、电容、二极管、三极管等常用元器件的符号、结构、分类、参数及检测，能帮助读者识别简单的元器件。

【光伏发电设备及原理】

光伏发电是根据光生伏特效应原理，利用太阳能电池将太阳光能直接转化为电能。不论是独立使用还是并网发电，光伏发电系统主要由太阳电池板（组件）、控制器和逆变器三大部分组成，它们主要由电子元器件构成，但不涉及机械部件。

光伏发电设备极为精炼，可靠稳定寿命长、安装维护简便。理论上讲，光伏发电技术可以用于任何需要电源的场合，上至航天器，下至家用电源，大到兆瓦级电站，小到玩具，光伏电源可以无处不在。

【太阳能电池片大组件产品加工工艺实训】

该部分为大组件加工实训，从电池片开始，最终产品为可使用的太阳能电池板。共分为十个工序，每个工序都有自己的检测方式，要严格遵守执行，制作合格产品，建议每个实训 3～4 个课时，共 42 个课时，为一学期使用。实训开始前学生要抄写实训报告，完成要完善报告内容，学期末依据实训报告及产品评定成绩。

【风光互补发电实训系统】

风光互补发电实训系统，主要由光伏供电装置、光伏供电系统、风力供电装置、风力供电系统、逆变与负载系统、监控系统组成，实训系统采用模块式结构，各装置和系统具有独立的功能，可以组合成光伏发电实训系统、风力发电实训系统。

编 者

2018年6月于安徽亳州新能源学校

目　　录

第一篇　认识元器件 …… 001

第一章　电阻 …… 001

1.1.1　电阻概述 …… 001

1.1.2　电阻分类 …… 002

1.1.3　电阻系统介绍 …… 003

第二章　电感 …… 009

1.2.1　电感概述 …… 009

1.2.2　基本结构 …… 010

1.2.3　电感特性 …… 011

1.2.4　电感作用 …… 011

1.2.5　常见种类 …… 011

第三章　电容 …… 013

1.3.1　电容概述 …… 013

1.3.2　型号命名法 …… 014

1.3.3　容量标示 …… 015

1.3.4　电容分类 …… 016

1.3.5　电容主要参数 …… 016

1.3.6　常见电容器介绍 …… 017

第四章　二极管 …… 020

1.4.1　二极管 …… 020

1.4.2　二极管的分类 …… 021

1.4.3　二极管的主要参数 …… 027

1.4.4 二极管的识别与检测 …… 028
第五章 三极管 …… 029
1.5.1 三极管概述 …… 029
1.5.2 工作原理 …… 029
1.5.3 判断基极和三极管的类型 …… 031
1.5.4 测判三极管的口诀 …… 032

第二篇 风光互补发电系统实训 …… 034

第一章 初识风光互补发电系统 …… 034
2.1.1 光伏供电装置和光伏供电系统 …… 034
2.1.2 逆变与负载系统 …… 060
第二章 风光互补发电系统实训 …… 071
2.2.1 光伏电池方阵的安装 …… 071
2.2.2 光伏供电装置组装 …… 074
2.2.3 光伏供电系统接线 …… 077
2.2.4 光线传感器 …… 079
2.2.5 光伏电池的输出特性 …… 081
2.2.6 光伏供电系统和光伏供电装置程序设计 …… 083
2.2.7 逆变器的负载安装与调试 …… 090

第三篇 GF－SX10 光伏发电教学实训 …… 093

第一章 光伏发电实训室与元器件介绍 …… 095
3.1.1 GF－SX10 光伏发电实训室介绍 …… 095
3.1.2 光伏电池 …… 098
3.1.3 太阳能控制器 …… 099
3.1.4 铅酸蓄电池（12V7Ah） …… 101
3.1.5 离网逆变器 …… 102
3.1.6 并网逆变器 …… 103
3.1.7 接线端子 …… 105

第二章　GF-SX10 光伏发电实验项目 …… 109
3.2.1　蓄电池充电实验 …… 109
3.2.2　光电池太阳模拟充电实验 …… 110
3.2.3　直流负载模拟实验 …… 111
3.2.4　交流负载模拟实验 …… 112
3.2.5　并网逆变器实验 …… 114
第三章　太阳能电池片组件产品加工工艺实训 …… 115
3.3.1　晶体硅太阳电池片分选 …… 120
3.3.2　晶体硅太阳电池片激光划片 …… 121
3.3.3　晶体硅太阳电池片单焊 …… 122
3.3.4　晶体硅太阳电池片串焊 …… 123
3.3.5　晶体硅太阳电池片叠层 …… 125
3.3.6　晶体硅太阳电池片层压 …… 127
3.3.7　晶体硅太阳电池组片检测 …… 128
3.3.8　晶体硅太阳电池组片装框及接线盒 …… 129
3.3.9　晶体硅太阳电池组片清理 …… 130

第一篇　认识元器件

第一章　电　阻

1.1.1　电阻概述

电阻的英文名称为 resistance，通常缩写为 R，它是导体的一种基本性质，与导体的尺寸、材料、温度有关。欧姆定律指出电压电流和电阻三者之间的关系为 $I=U/R$，亦即 $R=U/I$。电阻的基本单位是欧姆，用希腊字母“Ω”来表示。电阻的单位欧姆有这样的定义：导体上加上一伏特电压时，产生一安培电流所对应的阻值。电阻的主要职能就是阻碍电流流过。事实上，“电阻”说的是一种性质，而通常在电子产品中所指的电阻，是指电阻器这样一种元件，如图 1-1-1 所示。师傅对徒弟说，“找一个 100 欧的电阻来！”，指的就是一个“电阻值”为 100 欧姆的电阻器，欧姆常简称为欧。表示电阻阻值的常用单位还有千欧（kΩ）、兆欧（MΩ）。

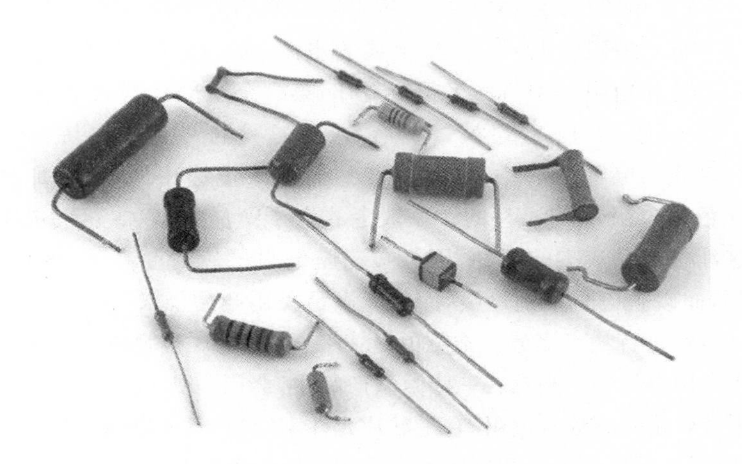

图 1-1-1　电阻器

电阻器是电气、电子设备中用得最多的基本元件之一。主要用于控制和调节电路中的电流和电压,或用作消耗电能的负载。

1.1.2 电阻分类

电阻器有不同的分类方法。按材料分,有碳膜电阻、水泥电阻、金属膜电阻和线绕电阻等不同类型;按功率分,有 0.125W,0.25W,0.5W,1W,2W 等额定功率的电阻;按电阻值的精确度分,有精确度为±5%,±10%,±20%等的普通电阻,还有精确度为±0.1%,±0.5%,±1%和±2%等的精密电阻。电阻的类别可以通过外观的标记识别,如图 1-1-2 所示。

图 1-1-2 通过外观识别电阻

电阻器的种类有很多,通常分为三大类:固定电阻,可变电阻,特种电阻。在电子产品中,以固定电阻应用最多。而固定电阻以其制造材料又可分为好多类,但常用及常见的有 RT 型碳膜电阻、RJ 型金属膜电阻、RX 型线绕电阻,还有近年来开始广泛应用的片状电阻。型号命名很有规律,第一个字母 R 代表电阻;第二个字母的意义是:T——碳膜,J——金属,X——线绕,这些符号是汉语拼音的第一个字母。在国产老式的电子产品中,常可以看到外表涂覆绿漆的电阻,那就是 RT 型的。而红颜色的电阻,是 RJ 型的。一般老式电子产品中,以绿色的电阻居多。为什么呢?这涉及产品成本的问题,因为金属膜电阻虽然精度高、温度特性好,但制造成本也高,而碳膜电阻特别价廉,而且能满足民用产品要求。

电阻器当然也有功率之分。常见的是 1/8 瓦的"色环碳膜电阻",它在电子产品和电子制作中用得最多。当然在一些微型产品中,会用到 0.125W 的电阻,它的个头小多了。再者就是微型片状电阻,它是贴片元件家族的一员,以前多见于进口微型产品中,现在电子爱好者也可以买到国产产品用来制作小型电子装置。

1.1.3　电阻系统介绍

一、固定电阻

1. 符号 —▭—

2. 电阻器型号命名方法

电阻器的型号根据国家标准 GB 2471—81 来命名，见表 1－1－1 所列。

表 1－1－1　电阻器型号的命名方法

第一部分:主称		第二部分:材料		第三部分:特征			第四部分:序号
符号	意义	符号	意义	符号	电阻器	电位器	
R W	电阻器 电位器	T	碳膜	1	普通	普通	对主称、材料相同，仅性能指标尺寸大小有区别，但基本不影响互换使用的产品，给同一序号；若性能指标、尺寸大小明显影响互换时，则在序号后面用大写字母作为区别代号
		H	合成膜	2	普通	普通	
		S	有机实芯	3	超高频	—	
		N	无机实芯	4	高阻	—	
		J	金属膜	5	高温	—	
		Y	氧化膜	6	—	—	
		C	沉积膜	7	精密	精密	
		I	玻璃釉膜	8	高压	特殊函数	
		P	硼酸膜	9	特殊	特殊	
		U	硅酸膜	G	高功率	—	
		X	线绕	T	可调	—	
		M	压敏	W	—	微调	
		G	光敏	D	—	多圈	
		R	热敏	B	温度补偿用	—	
				C	温度测量用	—	
				P	旁热式	—	
				W	稳压式	—	
				Z	正温度系数	—	

电阻器的命名方法示例，如图 1－1－3 所示。

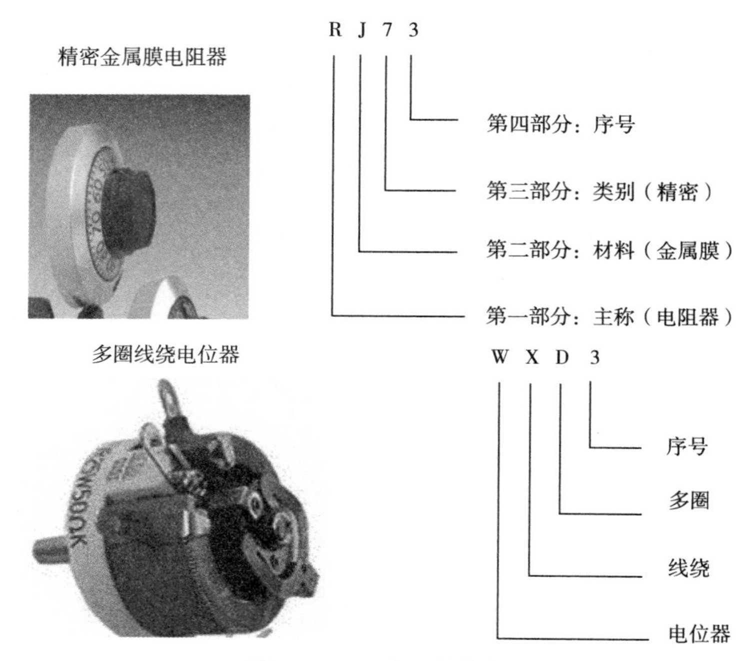

图 1-1-3 电阻器命名

3. 电阻值的标识

例如：按部颁标准规定，电阻值的标称值应为表 1-1-2 所列数字的 10^n 倍，其中，n 为正整数、负整数或零。

表 1-1-2 电阻器(电位器、电容器)标称系列及误差表

系列	允许误差	电阻器的标称值
E24	Ⅰ级(±5%)	1.0 1.1 1.2 1.3 1.5 1.6 1.8 2.0 2.2 2.4 2.7 3.0 3.3 3.6 3.9 4.3 4.7 5.1 5.6 6.2 6.8 7.5 8.2 9.1
E12	Ⅱ级(±10%)	1.0 1.2 1.5 1.8 2.2 2.7 3.3 3.9 4.7 5.6 6.8 8.2
E6	Ⅲ级(±20%)	1.0 1.5 2.2 3.3 4.7 6.8

电阻的阻值和允许偏差的标注方法有直标法、色标法和文字符号法。

(1)直标法

将电阻的阻值和误差直接用数字和字母印在电阻上(无误差标示为允许误差±20%)。也有厂家采用习惯标记法，如：

3Ω3——表示电阻值为 3.3Ω，允许误差为±5%；

1k8——表示电阻值为 1.8kΩ，允许误差为±20%；

5M1——表示电阻值为 5.1MΩ，允许误差为±10%。

（2）色标法

将不同颜色的色环涂在电阻器（或电容器）上来表示电阻（电容器）的标称值及允许误差，各种颜色所对应的数值见表 1-1-3。固定电阻器色环标志读数识别规则如图 1-1-4 所示。

表 1-1-3　电阻器色标符号意义

颜色	有效数字第一位数	有效数字第二位数	倍乘数	允许误差
棕	1	1	10^{1}	±1%
红	2	2	10^{2}	±2%
橙	3	3	10^{3}	—
黄	4	4	10^{4}	—
绿	5	5	10^{5}	±0.5%
蓝	6	6	10^{6}	±0.2%
紫	7	7	10^{7}	±0.1%
灰	8	8	10^{8}	—
白	9	9	10^{9}	—
黑	0	0	10^{0}	—
金	—	—	10^{-1}	±5%
银	—	—	10^{-2}	±10%
无色	—	—	—	±20%

例如：红红棕金表示 220Ω±5%；黄紫橙银表示 47kΩ±10%；棕紫绿金棕表示 17.5Ω±1%。

（3）文字符号法

例如：6R2J 表示该电阻标称值为 6.2Ω，允许偏差为±5%；3k6k 表示电阻值为 3.6kΩ，允许偏差为±10%；1M5 则表示电阻值为 1.5MΩ，允许偏差为±20%。允许偏差与字母的对应关系见表 1-1-4 所列。

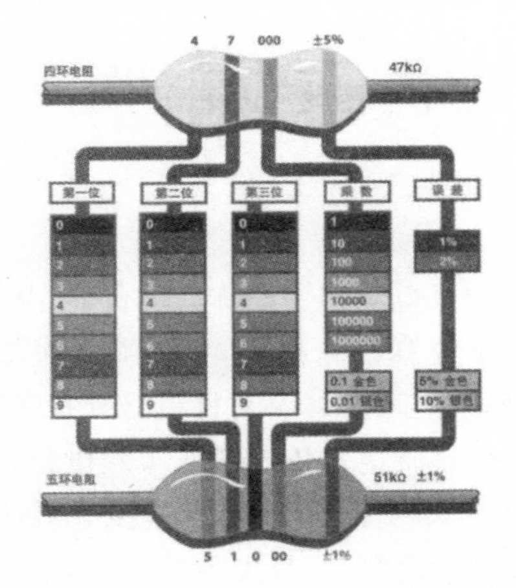

图 1-1-4　固定电阻器、色环标志识别规则

表 1-1-4　电阻(电容)器偏差标志符号表

允许偏差	标志符号	允许偏差	标志符号	允许偏差	标志符号
±0.001	E	±0.1	B	±10	K
±0.002	Z	±0.2	C	±20	M
±0.005	Y	±0.5	D	±30	N
±0.01	H	±1	F		
±0.02	U	±2	G		
±0.05	W	±5	J		

4. 电阻器额定功率的识别

电阻器的额定功率指电阻器在直流或交流电路中，长期连续工作所允许消耗的最大功率。有两种标志方法：2W 以上的电阻，直接用数字印在电阻体上；2W 以下的电阻，以自身体积大小来表示功率。在电路图上表示电阻功率时，采用如图 1-1-5 所示的符号：

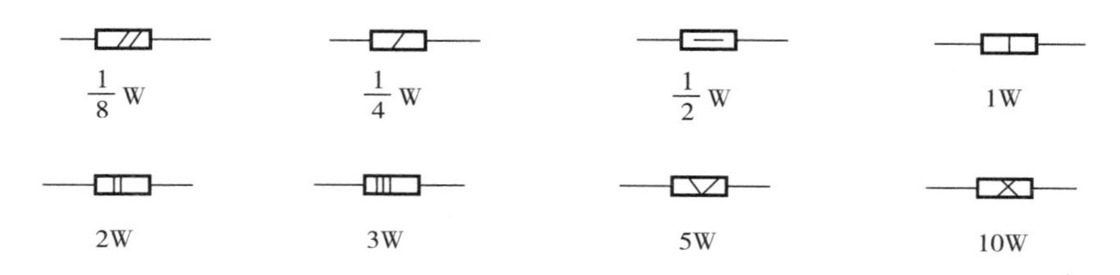

图 1-1-5　电阻功率的电路图表示

5. 电阻(电容)器偏差标志符号表

见上表 1-1-4。

二、可变电阻器

1. 符号

2. 功能简介

可变式电阻器一般称为电位器，从形状上分有圆柱形、长方体形等多种形状；从结构上分有直滑式、旋转式、带开关式、带紧锁装置式、多连式、多圈式、微调式和无接触式等多种形式；从材料上分有碳膜、合成膜、有机导电体、金属玻璃釉和合金电阻丝等多种电阻体材料。碳膜电位器是较常用的一种。电位器在旋转时，其相应的阻值依旋转角度而变化。变化规律有如下三种不同形式。

X 型为直线型，其阻值按角度均匀变化。它适于用作分压、调节电流等，如在电视机中做场频调整。

Z 型为指数型，其阻值按旋转角度呈指数关系变化（阻值变化开始缓慢，以后变快），它普遍使用在音量调节电路里。由于人耳对声音响度的听觉特性是接近于对数关系的，当音量从零开始逐渐变大的一段过程中，人耳对音量变化的听觉最灵敏，当音量大到一定程度后，人耳听觉逐渐变迟钝。所以音量调整一般采用指数式电位器，使声音变化听起来显得平稳、舒适。

D 型为对数型，其阻值按旋转角度呈对数关系变化（即阻值变化开始快，以后缓慢），这种方式多用于仪器设备的特殊调节。在电视机中采用这种电位器调整黑白对比度，可使对比度更加适宜。

电路中进行一般调节时，采用价格低廉的碳膜电位器；在进行精确调节时，宜采用多圈电位器、精密电位器，如图 1－1－6 所示。

图 1－1－6　多圈电位器

三、光敏电阻

1. 符号

2. 功能简介

光敏电阻（如图 1－1－7）是一种电阻值随外界光照强弱（明暗）变化而变化的元件，光越强阻值越小，光越弱阻值越大。如果把光敏电阻的两个引脚接在万用表的表笔上，用万用表的 R×1k 挡测量在不同的光照下光敏电阻的阻值：将光敏电阻从较暗的抽屉里移到阳光下或灯光下，万用表读数将会发生变化。在完全黑暗处，光敏电阻的阻值可达几兆欧以上（万用表指示电阻为无穷大，即指针不动），而在较强光线下，阻值可降到几千欧甚至 1 千欧以下。

利用这一特性，可以制作出各种光控的电路来。事实上街边的路灯大多是用光控开关自动控制的，其中一个重要的元器件就是光敏电阻（或者是光敏三极管，一种功能相似的带放大作用的半导体元件）。光敏电阻是在陶瓷基座上沉积一层硫化镉（CdS）膜后制成的，实际上也是一种半导体元件。住宅或公寓里声控楼道灯在白天不会点亮，也是因为光敏电阻在起作用。我们可以用它制作电子报晓鸡，清晨天亮时喔喔叫。

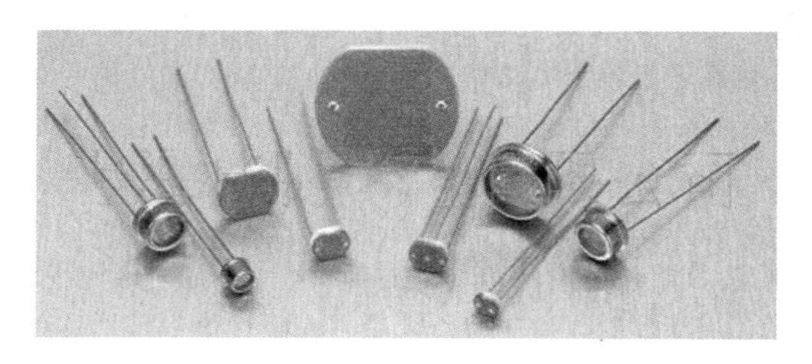

图 1-1-7 光敏电阻

3. 特性与参数

主要有 CdS 元件、CdSe 元件和 PbS 元件。它们的电阻率对某段波长的照度变化很敏感，当照度增加时，电阻率急剧减小，并在一定条件下，照度和电阻率可呈现线性关系。在完全无光照时，光敏电阻也会呈现一定的电阻值，称为暗电阻，而光照时的电阻称为光电阻。对 CdS 光敏电阻，暗电阻约几兆欧姆，而光电阻可小到几百欧姆。光敏电阻的温度系数和照度有关，强光照射条件下为正，弱光照射条件下为负。

在上述三种光敏电阻中，以 CdS 光敏电阻应用最广。它可以在交流状态工作，对可见光敏感，输出信号较大，价格便宜，抗噪声能力比光敏二极管强，但响应速度较慢。表 1-1-5 列出了几种 CdS 光敏电阻的参数，其中峰值波长指光谱响应中最敏感的波长值；响应时间指光敏电阻两端加电压后，从受光照开始，电阻中的光电流从 0 增加到正常电流值的 63%所经历的时间 t，遮光后，光电流从正常值衰减到 37%时所经历的时间 t。

当选用 CdS 作开关元件时，应注意它的允许功耗和响应速度能否满足要求。

表 1-1-5 几种 CdS 光敏电阻的参数

参数 型号	光谱响应范围 (μm)	峰值波长 (μm)	允许功耗 (MW)	最高工作电压 (V)	响应时间		光电特性		电阻温度系数%/℃ -20℃～60℃
					t /ms	T/ ms	暗电阻 (MΩ)	光电阻 kΩ (100 lx)	
UR-74A	0.4 ～ 0.8	0.54	50	100	40	30	1	0.7 ～ 1.2	− 0.2
UR-74B	0.4 ～ 0.8	0.54	30	50	20	15	10	1.2 ～ 4	− 0.2
UR-74C	0.5 ～ 0.9	0.57	50	100	6	4	100	0.5 ～ 2	− 0.5

四、热敏电阻

半导体热敏电阻是利用半导体材料的热敏特性工作的半导体电阻。它是用对温度变化极为敏感的半导体材料制成的，其阻值随温度变化发生极明显的变化。

热敏电阻主要用在温度测量、温度控制、温度补偿、自动增益调整、微波功率测量、火灾报警、红外探测及稳压、稳幅等方面，是自动控制设备中的重要元件。热敏电阻按其结构分为直热式和旁热式两大类。直热式热敏电阻一般是用锰、镁、钴、镍、铁等金属氧化物粉料挤压成杆状、片状、垫圈状或珠状的电阻体，经1000℃至1500℃高温烧结后，再烧制附银电极，焊接引线而成。加热电流直接通过电阻体。旁热式热敏电阻由电阻体和加热器构成。电阻体旁装有金属丝绕制的加热器（加热线圈），二者紧耦合在一起，但又彼此绝缘。电阻体和加热器密封在内部抽成高真空的玻璃外壳中，引出电极。加热器通过加热电流时，电阻体周围温度变化，导致阻值改变。按电阻温度系数的不同，热敏电阻分为正温度系数热敏电阻和负温度系数热敏电阻。

在工作温度范围内，正温度系数热敏电阻的阻值随温度升高而急剧增大，负温度系数电阻的阻值随温度升高而急剧减小。后者应用较为广泛。此外，热敏电阻由于具有热敏特性，其电压和电流之间不再保持线性关系，成为一种非线性元件了。

第二章 电 感

1.2.1 电感概述

电感是闭合回路的一种属性。当线圈通过电流后，在线圈中形成磁场感应，感应磁场又会产生感应电流来抵制通过线圈中的电流。这种电流与线圈的相互作用关系称为电的感抗，也就是电感，单位是“亨利（H）”，以美国科学家约瑟夫·亨利命名。

电感器（简称电感）是由导线在绝缘管上单层或多层绕制而成的，导线彼此互相绝缘，而绝缘管可以是空心的，也可以包含铁芯或磁粉芯。电感器用字母L表示。在电子元件中，电感通常分为两类，一类是应用自感作用的线圈，另一类是应用互感作用的变压器。电感器的种类，如图1-2-1所示。

电感是闭合回路的一种属性，即当通过闭合回路的电流改变时，会出现电动势来抵抗电流的改变。这种电感称为自感（self-inductance），是闭合回路自己本身的属性。假设一个闭合回路的电流改变，由于感应作用而产生电动势于另外一个闭合回路，这种电感称为互感（mutual inductance）。

当线圈中有电流通过时，线圈的周围就会产生磁场。当线圈中电流发生变化时，其周围的磁场也产生相应的变化，此变化的磁场可使线圈自身产生感应电动势

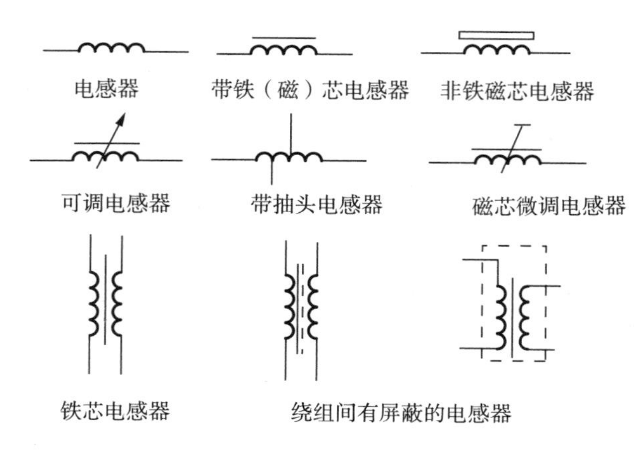

图 1-2-1　电感器的种类

(感生电动势)(电动势用以表示有源元件理想电源的端电压),这就是自感。两个电感线圈相互靠近时,一个电感线圈的磁场变化将影响另一个电感线圈,这种影响就是互感。互感的大小取决于电感线圈的自感与两个电感线圈耦合的程度,利用此原理制成的元件叫作互感器。

1.2.2　基本结构

电感可由电导材料盘绕磁芯制成,典型的用铜线制成,也可把磁芯去掉或者用铁磁性材料代替,如图 1-2-2 所示。比空气的磁导率高的芯材料可以把磁场更紧密的约束在电感元件周围,因而增大了电感。

图 1-2-2　电感器盘绕结构

电感有很多种,大多以外层瓷釉线圈(enamel coated wire)环绕铁素体(ferrite)线轴制成,而有些防护电感把线圈完全置于铁素体内。一些电感元件的芯可以调节,由此可以改变电感大小。小电感能直接蚀刻在 PCB 板上,用一种铺设螺旋轨迹的方法。小值电感也可用以制造晶体管同样的工艺制造在集成电路中。在这些应用中,铝互连线被经常用作传导材料。不管用何种方法,基于实际的约束应用最多的还是一种叫作“旋转子”的电路,它用一个电容和主动元件表现出与电感元件相同的特性。用于隔高频的电感元件经常用一根穿过磁柱或磁珠的金属丝构成。

1.2.3 电感特性

电感是衡量线圈产生电磁感应能力的物理量。当线圈通入非稳态电流时，周围就会产生变化的磁场。通入线圈的功率越大，激励出来的磁场强度越高，反之则小（磁感应强度达到饱和之前。磁饱和是指，电流产生磁场，电感中，电流增加，磁场强度也增加，但增加不是无限制的，当电感中的导磁体内磁场达到某一水平时，电流的增加不能再使磁场强度增加，这时，认为此电感达到“磁饱和”。使电感达到磁饱和时的电流强度，被认为是该电感的饱和电流）。

电感一般分为空芯电感和磁芯电感两种。空芯电感的电感量是一个定值常数，应用简单。

大型磁芯电感在工业中应用得更多，电感量值的准确与否是关键性问题，无论从理论上还是实际应用中都有重大的意义。

1.2.4 电感作用

电感在电路中的作用：电生磁、磁生电，两者相辅相成，总是随同显示。

当一根导线中拥有恒定电流流过时，总会在导线四周激起恒定的磁场。当把这根导线都弯曲成为螺旋线圈时，应用电磁感应定律，就能断定，螺旋线圈中发生了磁场。将这个螺旋线圈放在某个电流回路中，当这个回路中的直流电变化时（如从小到大或许相反），电感中的磁场也应该会发生变化，变化的磁场会带来变化的“新电流”，由电磁感应定律，这个“新电流”一定和原来的直流电方向相反，从而在短时刻内关于直流电的变化构成一定的抵抗力。只是，一旦变化完成，电流稳固上去，磁场也不再变化，便不再有任何障碍发生。

从上面的过程来看，电感器的核心作用是阻止电流的变化。比如电流由小到大过程中，电感器都存在一种“滞后”作用，它能在一定时间内抵御这种变化。从另一个角度来说，正因为电感器拥有储存一定能量的作用，因此它才能在变化来临时试图维持原状，但需要说明的是，当能量耗尽后，则只能“随波逐流”。

电感的“通直阻交”特性，让其在电路中能够发挥巨大的作用。在板卡中，电感多被用在储能、滤波、延迟和振荡等几个方面，是保障板卡稳定、安全运行的重要元件。

1.2.5 常见种类

一、小型固定电感器

小型固定电感器（如图 1－2－3）通常是用漆包线在磁芯上直接绕制而成，主要用在滤波、振荡、陷波、延迟等电路中，它有密封式和非密封式两种封装形式，两种形式又都有立式和卧式两种外形结构。

图 1－2－3　小型固定电感器

二、可调电感器

常用的可调电感器（如图 1－2－4）有半导体收音机用振荡线圈、电视机用行振荡线圈、行线性线圈、中频陷波线圈、音响用频率补偿线圈、阻波线圈等。

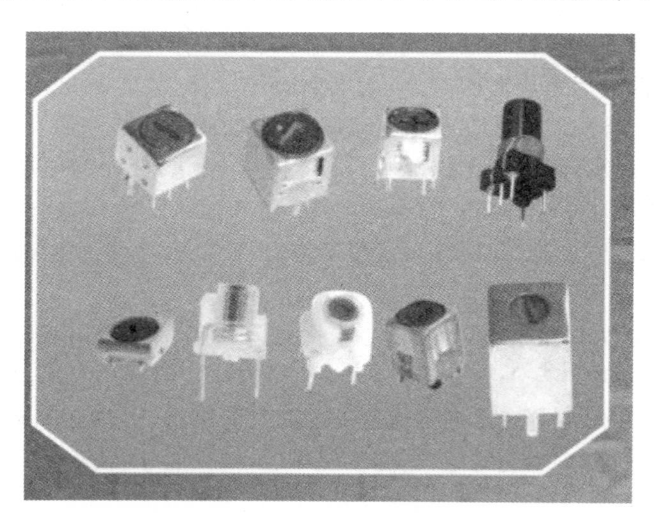

图 1－2－4　可调电感器

三、阻流电感器

阻流电感器（如图 1－2－5）是指在电路中用以阻塞交流电流通路的电感线圈，它分为高频阻流线圈和低频阻流线圈。

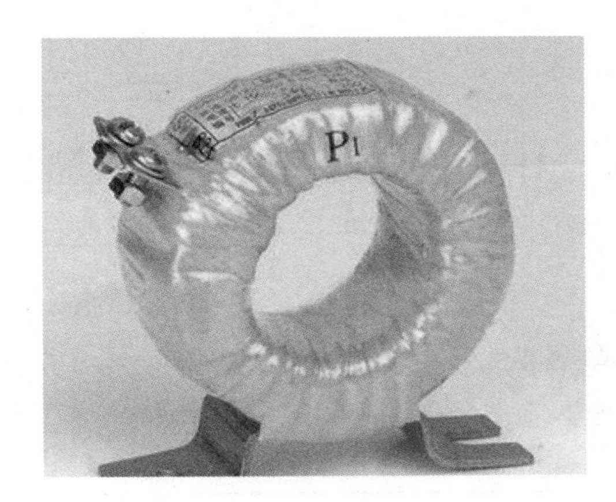

图 1-2-5　阻流电感器

第三章　电　容

1.3.1　电容概述

一、电容构造

电容器是由两个相互靠近的金属电极板，中间夹一层电介质构成的。

二、电容器的定义

从物理学上讲，它是一种静态电荷存储介质。电容（或称电容量）则是表征电容器容纳电荷本领的物理量。电容器的两极板间的电势差增加 1 伏所需的电量，叫作电容器的电容。

三、电容的作用

1. 储存电荷

2. 隔直

3. 耦合交流信号

(1)并联于电源两端用作滤波。

(2)并联于电阻两端旁路交流信号。

(3)串联于电路中，隔断直流通路，耦合交流信号。

(4)与其他元件配合，组成谐振回路，产生锯齿波、定时等。

四、电容的符号

常见的电容器的符号如图 1-3-1 所示。

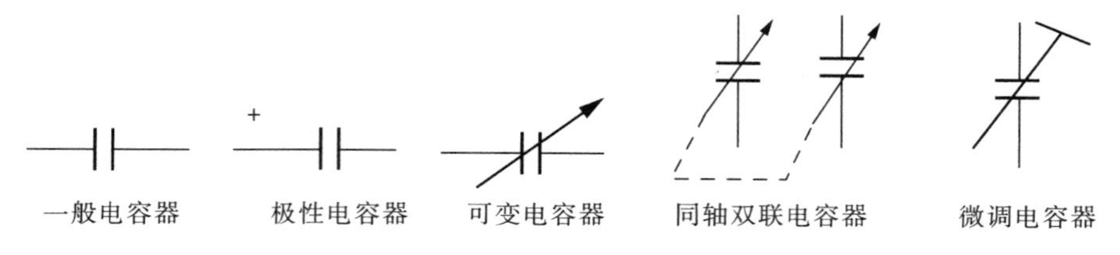

图 1-3-1　电容器的符号

1.3.2　型号命名法

国产电容器的型号、命名及含义，见表 1-3-1。

表 1-3-1　国产电容器的型号、命名及含义

第一部分：主称		第二部分：材料		第三部分：特征、分类						第四部分：序号
符号	意义	符号	意义	符号	意义					
					瓷介	云母	玻璃	电解	其他	
C	电容器	C	瓷介	1	圆片	非密封	—	箔式	非密封	对主称、材料相同，仅尺寸、性能指标略有不同，但基本不影响互使用的产品，给予同一序号；若尺寸性能指标的差别明显；影响互换使用时，则在序号后面用大写字母作为区别代号
		Y	云母	2	管形	非密封	—	箔式	非密封	
		I	玻璃釉	3	迭片	密封	—	烧结粉固体	密封	
		O	玻璃膜	4	独石	密封	—	烧结粉固体	密封	
		Z	纸介	5	穿心	—	—	—	穿心	
		J	金属化纸	6	支柱	—	—	—	—	
		B	聚苯乙烯	7	—	—	—	无极性	—	
		L	涤纶	8	高压	高压	—	—	高压	
		Q	漆膜	9	—	—	—	特殊	特殊	
		S	聚碳酸酯	J	金属膜					
		H	复合介质	W	微调					
		D	铝							
		A	钽							
		N	铌							
		G	合金							
		T	钛							
		E	其他							

国产电容器的型号一般由四部分组成(不适用于压敏、可变、真空电容器)。依次分别代表名称、材料、分类和序号。

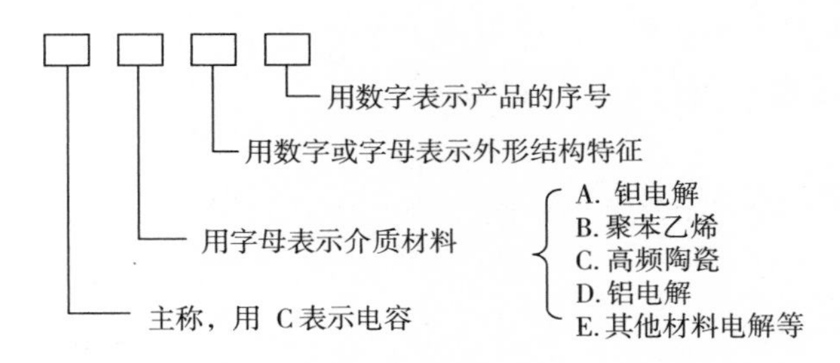

第一部分:名称,用字母表示,电容器用 C。

第二部分:材料,用字母表示。

第三部分:分类,一般用数字表示,个别用字母表示,见表 1-3-2。

第四部分:序号,用数字表示。

表 1-3-2　电容器的分类

数字或字母	瓷介电容	云母电容	有机电容	电解电容
1	圆形	非密封	非密封	箔式
2	管形	非密封	非密封	箔式
3	叠形	密封	密封	烧结粉,非固体
4	独石	密封	密封	烧结粉,固体
5	穿心		穿心	
6	支柱形等			
7				无极性
8	高压	高压	高压	
9			特殊	特殊
G	高功率			
T	叠片式			
W	微调电容			

1.3.3　容量标示

一、直标法

用数字和单位符号直接标出。如 1μF 表示 1 微法,有些电容用“R”表示小数点，如 R56 表示 0.56 微法。

二、文字符号法

用数字和文字符号有规律的组合来表示容量。如 p10 表示 0.1pF，1p0 表示 1pF，6P8 表示 6.8pF，2μ2 表示 2.2μF。

三、色标法

用色环或色点表示电容器的主要参数。电容器的色标法与电阻相同，如图 1-3-2 所示。

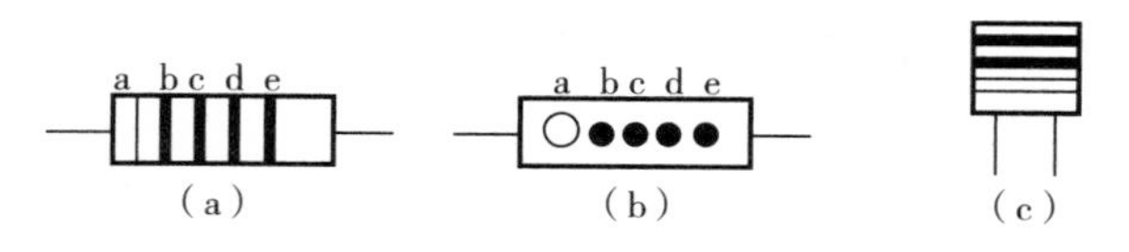

图 1-3-2　色标法表示电容

电容器偏差标志符号：+100%-0--H、+100%-10%--R、+50%-10%—T、+30%-10%—Q、+50%-20%—S、+80%-20%—Z。

1.3.4　电容分类

电容器种类繁多，有按介质分的，也有按容量是否可变分的。

一、按介质材料分类

(1)有机介质：复合介质、纸介质、塑料介质(涤纶、聚苯乙烯、聚丙烯、聚碳酸酯、聚四氟乙烯)、薄膜复合。

(2)无机介质：云母电容、玻璃釉电容(圆片状、管状、矩形、片状电容、穿心电容)、陶瓷(独石)电容。

(3)气体介质：空气电容、真空电容、充气电容。

(4)电解质：普通铝电解质、钽电解质、铌电解质。

二、按容量是否可调分类

(1)固定电容器

(2)可变电容器(空气介质、塑膜介质)

(3)微调电容器(陶瓷介质、空气介质、塑膜介质)

1.3.5　电容主要参数

一、标称容量与允许误差

实际电容量和标称电容量允许的最大偏差范围，一般分为 3 级：Ⅰ级±5%，Ⅱ级±10%，Ⅲ级±20%。在有些情况下，还有 0 级，误差为±20%。

精密电容器的允许误差较小，而电解电容器的误差较大，它们采用不同的误差等级。

常用的电容器其精度等级和电阻器的表示方法相同。

二、额定工作电压

额定工作电压是指，在规定的工作温度范围内，电容器在电路中连续工作而不被击穿的加在电容器上的最大有效值，又称耐压。对于结构、介质、容量相同的器件，耐压越高，体积越大。

表 1-3-3　电容额定电压系列　　（单位：V）

1.6	4	6.3	10	16
25	(32)	40	(50)	63
100	(125)	160	250	(300)
400	(450)	500	630	1000
1600	2000	2500	3000	4000
5000	6300	8000	10000	15000
20000	25000	30000	35000	40000
45000	50000	60000	80000	100000

注：带括弧者仅为电解电容所用。

1.3.6　常见电容器介绍

常电容器如图 1-3-3 所示。

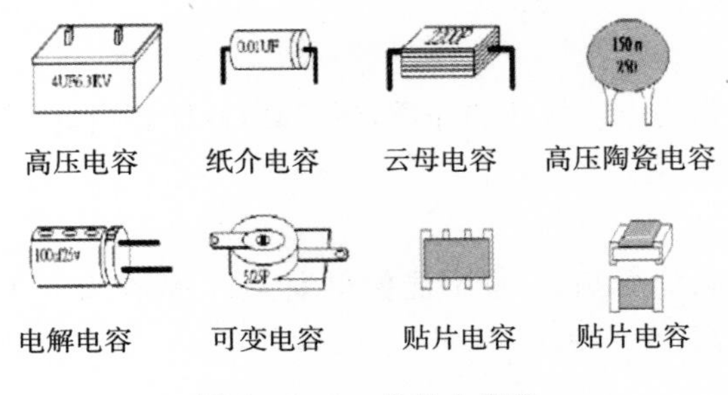

图 1-3-3　常见电容器

一、纸介电容器

用两片金属箔做电极，夹在厚度为 0.008～0.012mm 的电容纸中，卷成圆柱形或者扁柱形芯子，然后密封在金属壳或者绝缘材料（如火漆、陶瓷、玻璃釉等）壳中制成。

型号分类：

1. CZ32 型瓷管密封纸介电容器

2. CZ40 型密封纸介电容器

3. CZ82 型高压密封纸介电容器

优点：

比率电容大，电容范围宽，工作电压高，制造工艺简单，价格便宜，体积较小，能得到较大的电容量。

缺点：

稳定性差，固有电感和损耗都比较大，只能应用于低频或直流电路，通常不能在高于 3～4MHz 的频率上运用，目前已被合成膜电容取代，但在高压纸介电容中还有一席之地。

拓展：

1. 金属化纸介电容

结构和纸介电容基本相同。它是在电容器纸上覆上一层金属膜来代替金属箔，体积小，容量较大，多用在低频电路中。

2. 油浸纸介电容

它是把纸介电容浸在经过特别处理的油里，能增强它的耐压。其特点是电容量大、耐压比普通纸质电容器高，稳定性较好，适用于高压电路。但体积较大。

二、云母电容器

云母电容器可分为箔片式和被银式。用金属箔或在云母片上喷涂银层做电极板，极板和云母一层一层叠合后，再压铸在胶木粉或封固在环氧树脂中制成，形状多为方块状。

优点：

采用天然云母作为电容极间的介质，耐压高，性能相当好，介质损耗小，绝缘电阻大，温度系数小。

缺点：

由于受介质材料的影响，容量不能做得太大，一般在 10～10000pF 之间，且造价相对其他电容要高。

应用：

云母电容是性能优良的高频电容之一，广泛应用于对电容的稳定性和可靠性要求高的场合，并可用作标准电容器。

三、有机薄膜电容器

薄膜电容器结构和纸介电容相同，是以金属箔当电极，将其和聚乙酯、聚丙烯、聚苯乙烯或聚碳酸酯等塑料薄膜从两端重叠后，卷绕成圆筒状的构造。依塑料薄膜的种类又被分别称为聚乙酯电容（又称 Mylar 电容）、聚丙烯电容（又称 PP 电容）、聚苯乙烯电容（又称 PS 电容）和聚碳酸酯电容。

薄膜电容器具有很多优良的特性，是一种性能优良的电容器。其主要特性如下：无极性，绝缘阻抗很高，频率特性优异（频率响应宽广），而且介质损失很小；容量范围为 3pF～0.1μF，直流工作电压为 63～500V，漏电电阻大于 10000Ω。应用：薄膜电容器被大量使用在模拟电路上。尤其是在信号交连的部分，必须使用频率特性良好，介质损失极低的电容器，方能确保信号在传送时，不致有太大的失真情形发生。近年来音响器材为了提升声音的品质，PP 电容和 PS 电容被使用在音响器材的频率与数量愈来愈高。

四、电解电容器

电解电容器以金属（正）和电解质（负）作电容器的两个电极板，以金属氧化膜作电介质。其使用温度一般在－200℃～850℃以内。

分类：

（1）铝电解 CD

以铝为正极，液体电解质作负极，氧化铝膜为介质，温度范围多为－20℃～850℃。超过 850℃时，漏电流增加；低于－200℃时，容量变小，耐压为 6.3～450V，容量 10～680μF。

目前已生产出无极性铝电解电容，如 CD71、CD03、CD94。价廉，用途广。

（2）钽电解 CA

寿命、可靠性好于铝，体积小于铝，上限温度可达 2000℃，但耐压不超过 160V，价格贵。

（3）铌电解

介电常数大于钽电解，体积更小，稳定性比钽电解稍差。

五、可变电容器

以两组相互平行的金属片作为电极，以空气或固体薄膜为介质，固定不动的一组称为定片，能随转轴一起转动的一组叫动片。

常用的可变电容器有以下几种：

（1）空气介质可变电容器 CB

以两组金属片作电极，空气为介质，动片可随轴旋转 180°，根据金属片的形状，可做成直线式（电容直线式、波长直线式、频率直线式）、对数电容式等。

可做成单联、双联或多联，每联的最外层一片定片有预留的几个细长缺口，在使用时，通过改变与动片的间距，达到微调目的，以获得较好的同轴性。

（2）固体介质可变电容器 CBG 或 CBM

固体介质可变电容器在动片和定片之间常以云母和聚苯乙烯薄膜作为介质。

体积小，重量轻，常用于收音机，可做成等容、差容、双联、三联和四联电容器。

六、贴片陶瓷电容器

结构与特点：

1. 精度误差：在±0.1pF～＋80％/－20％。

2. 片容的耐压：6.3～630V，应用于电子设备，移动通信设备，办公自动设备，自动电子，检测设备，混合集成电路等。

3. 陶瓷薄片层绝缘，先进的分层技术，使高层的元件具有较高的电容值。

4. 单体结构使之具有良好的机械性能，可靠性极高。

5. 良好的尺寸精度保证了自动安装的准确性。

七、玻璃釉电容器

玻璃釉电容器的介质是玻璃釉粉加压制成的薄片。因釉粉有不同的配制工艺方法，可获得不同性能的介质，也就可以制成不同性能的玻璃釉电容器。玻璃釉电容器具有介质介电系数大、体积小、损耗较小等特点，耐温性和抗湿性也较好。

用途：玻璃釉电容器适合半导体电路和小型电子仪器中的交、直流电路或脉冲电路使用。

八、涤纶电容器

用两片金属箔做电极，夹在极薄绝缘介质中，卷成圆柱形或者扁柱形芯子，介质是涤纶。涤纶薄膜电容、介电常数较高，体积小，容量大，稳定性较好，适宜做旁路电容。

1. 特性：额定温度：＋125℃

标称值偏差：±5％(j)、±10％(k)

耐电压：2ur(1s)

绝缘电阻：≥30000m

损耗角正切：≤0.01(1kHz)

2. 优点：

精度、损耗角、绝缘电阻、温度特性、可靠性及适应环境等指标都优于电解电容，瓷片电容。

3. 缺点：

容量、价格比及体积比都大于以上两种电容。

4. 用途：

1)程控交换机等各种通信器材，视听、影音设备等；

2)直流和 vhf 级信号隔直、旁路、耦合电路；

3)滤波、降噪、脉冲电路中。

第四章　二极管

1.4.1　二极管

二极管在电子元件当中，一种具有两个电极的装置，只允许电流由单一方向流过，许多的使用是应用其整流的功能。而变容二极管则用来当作电子式的可调电容器。大部分二极管所具备的电流方向性我们通常称之为“整流”功能。二极管最普遍的功能就是只允许电流由单一方向通过(称为顺向偏压)，反向时阻断(称为逆向偏压)。因此，二极管可以想成电子版的逆止阀。二极管符号如图 1-4-1 所示。

早期的真空电子二极管；它是一种能够单向传导电流的电子器件。在半导体二极管内部有一个 p-n 结、两个引线端子，这种电子器件按照外加电压的方向，具备单向电流的传导性。一般来讲，晶体二极管是一个由 p 型半导体和 n 型半导体烧结形成的 p-n 结界面。在其界面的两侧形成空间电荷层，构成自建电场。当外加电压等于零时，由于 p-n 结两边载流子的浓度差引起扩散电流和由自建电场引起的漂移电流相等而处于电平衡状态，这也是常态下的二极管特性。

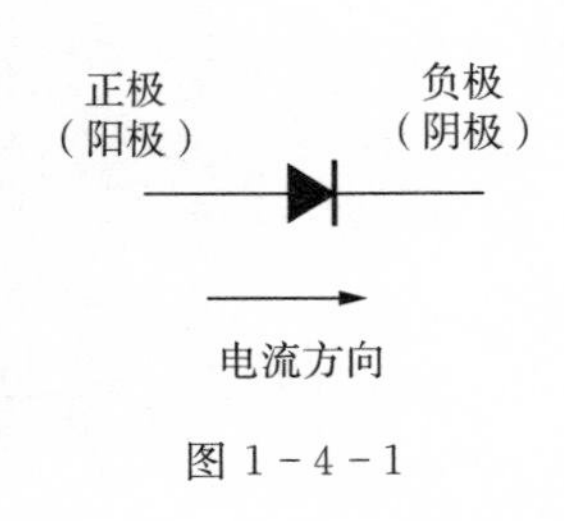

图 1-4-1

1.4.2　二极管的分类

二极管有多种类型：按材料分，有锗二极管、硅二极管、砷化镓二极管等；按制作工艺可分为面接触二极管和点接触二极管；按用途不同又可分为整流二极管、检波二极管、稳压二极管、变容二极管、光电二极管、发光二极管、开关二极管、快速恢复二极管等；按结构类型来分，又可分为半导体结型二极管，金属半导体接触二极管等；按照封装形式则可分为常规封装二极管、特殊封装二极管等。下面以用途为例，介绍不同种类二极管的特性。

1. 整流二极管

整流二极管的作用是将交流电源整流成脉动直流电，它是利用二极管的单向导电特性工作的。

因为整流二极管正向工作电流较大，工艺上多采用面接触结构。由于这种结构的二极管结电容较大，因此整流二极管工作频率一般小于 3kHz。

整流二极管主要有全密封金属结构封装和塑料封装两种封装形式。通常情况下额定正向工作电流在 1A 以上的整流二极管采用金属壳封装，以利于散热；额定正向工作电流在 1A 以下的采用全塑料封装。另外，由于工艺技术的不断提高，也有不少较大功率的整流二极管采用塑料封装，在使用中应予以区别。

由于整流电路通常为桥式整流电路，故一些生产厂家将 4 个整流二极管封装在一起，这种冗件通常称为整流桥或者整流全桥（简称全桥）。常见整流二极管的外形如图 1－4－2 所示。

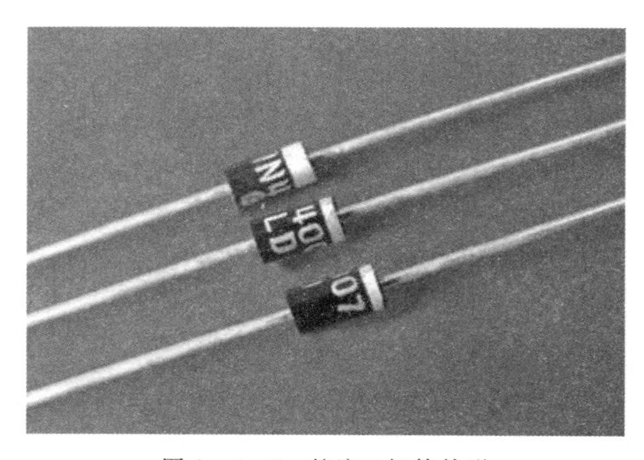

图 1－4－2　整流二极管外形

选用整流二极管时，主要应考虑其最大整流电流、最大反向工作电流、截止频率及反向恢复时间等参数。

普通串联稳压电源电路中使用的整流二极管，对截止频率的反向恢复时间要求不高，只要根据电路的要求选择最大整流电流和最大反向工作电流符合要求的整流二极管（例如 1N 系列、2CZ 系列、RLR 系列等）即可。

开关稳压电源的整流电路及脉冲整流电路中使用的整流二极管，应选用工作频率较高、反向恢复时间较短的整流二极管或快速恢复二极管。

2. 检波二极管

检波二极管是把叠加在高频载波中的低频信号检出来的器件，它具有较高的检波效率和良好的频率特性。

检波二极管要求正向压降小，检波效率高，结电容小，频率特性好，其外形一般采用 EA 玻璃封装结构。一般检波二极管采用锗材料点接触型结构（如图 1－4－3）。

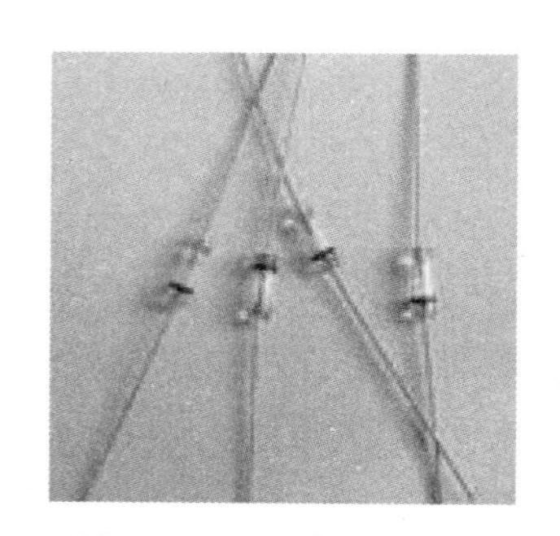

图 1－4－3　检波二极管

选用检波二极管时，应根据电路的具体要求

来选择工作频率高、反向电流小、正向电流足够大的检波二极管。

3. 开关二极管

由于半导体二极管存正向偏压下导通电阻很小，而在施加反向偏压截止时，截止电阻很大，在开关电路中利用半导体二极管的这种单向导电特性就可以对电流起接通和关断的作用，故把用于这一目的的半导体二极管称为开关二极管。

开关二极管主要应用于收录机、电视机、影碟机等家用电器及电子设备的开关电路、检波电路、高频脉冲整流电路等。

图 1-4-4　1N 系列二极管

中速开关电路和检波电路可以选用 2AK 系列普通开关二极管。高速开关电路可以选用 RLS 系列、1sS 系列、1N 系列（如图 1-4-4）、2CK 系列的高速开关二极管。要根据应用电路的主要参数（例如正向电流、最高反向电压、反向恢复时间等）来选择开关二极管的具体型号。

4. 稳压二极管

稳压二极管又名齐纳二极管（如图 1-4-5）。稳压二极管是利用 PN 结反向击穿时电压基本上不随电流变化而变化的特点来达到稳压的目的，因为它能在电

图 1-4-5　稳压二极管

路中起稳压作用，故称为稳压二极管（简称稳压管）。稳压二极管是根据击穿电压来分挡的，其稳压值就是击穿电压值。稳压二极管主要作为稳压器或电压基准元件使用，稳压二极管可以串联起来得到较高的稳压值。

选用的稳压二极管应满足应用电路中主要参数的要求。稳压二极管的稳定电压值应与应用电路的基准电压值相同，稳压二极管的最大稳定电流应高于应用电路的最大负载电流 50%左右。

5. 快速恢复二极管

快速恢复二极管（如图 1-4-6）是一种新型的半导体二极管。这种二极管的开关特性好，反相恢复时间短，通常用于高频开关电源中作为整流二极管。

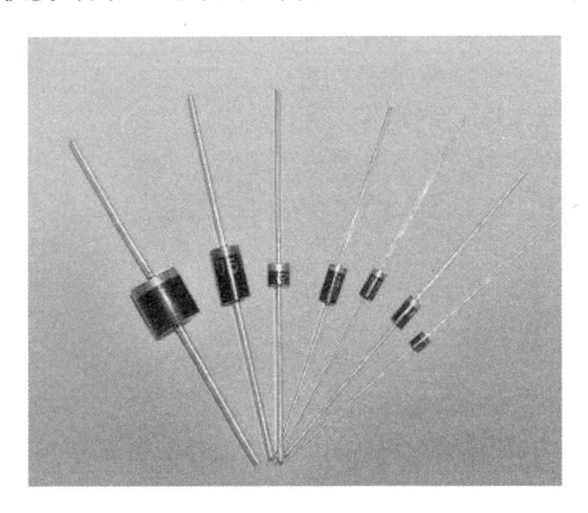

图 1-4-6 快速恢复二极管

快速恢复二极管的特点就是它的恢复时间很短，这一特点使其适合高频（如电视机中的行频）整流。快速恢复二极管有一个决定其性能的重要参数——反向恢复时间。反向恢复时间的定义是，二极管从正向导通状态急剧转换到截止状态，从输出脉冲下降到零线开始。到反向电源恢复到最大反向电流的 10%所需要的时间，用符号表示。

超快速恢复二极管是在快速恢复二极管的基础上研制的，它们的主要区别就是反向恢复时间更小。普通快速恢复二极管的反向恢复时间为几百纳秒，超快速恢复二极管（SRD）的反向恢复时间一般为几十纳秒。数值越小的快速恢复二极管的工作频率越高。

当工作频率在几十至几百千赫时，普通整流二极管正反向电压变化的时间慢于恢复时间，普通整流二极管就不能正常实现单向导通而进行整流工作了。此时就要用快速恢复整流二极管才能胜任，因此，彩电等家用电器采用开关电源供电的整流二极管通常为快速恢复二极管，而不能用普通整流二极管代替，否则，用电器可能会不能正常工作。

6. 肖特基二极管

肖特基二极管是肖特基势垒二极管的简称(如图 1-4-7)，是近年来生产的低功耗、大电流、超高速半导体器件。其反向恢复时间极短(可以小到几纳秒)，正向导通压降仅 0.4V 左右，而整流电流却可达到几千安培，这些优良特性是快恢复二极管所无法比拟的。

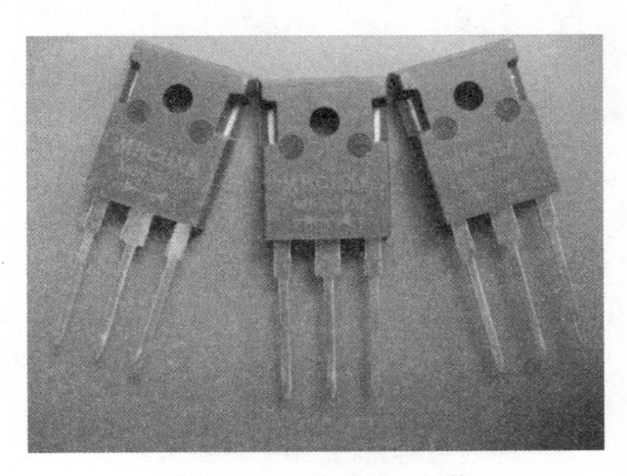

图 1-4-7 肖特基二极管

肖特基二极管是用贵重金属(金、银、铝、铂等)为正极，以 N 型半导体为负极，利用二者接触面上形成的势垒具有整流特性而制成的金属一半导体器件。

肖特基二极管通常用在高频、大电流、低电压整流电路中。

7. 发光二极管

发光二极管的英文简称是 LED，它是采用磷化镓、磷砷化镓等半导体材料制成的、可以将电能直接转换为光能的器件。发光二极管除了具有普通二极管的单向导电特性之外，还可以将电能转换为光能。给发光二极管外加正向电压时，它也处于导通状态，当正向电流流过管芯时，发光二极管就会发光，将电能转换成光能。

发光二极管(如图 1-4-8)的发光颜色主要由制作管子的材料以及掺入杂质的种类决定。目前常见的发光二极管发光颜色主要有蓝色、绿色、黄色、红色、橙色、白色等。其中白色发光二极管是新型产品，主要应用在手机背光灯、液晶显示器背光灯、照明等领域。

发光二极管的工作电流通常为 2～25mA。工作电压(即正向压降)随着材料的不同而不同：普通绿色、黄色、红色、橙色发光二极管的工作电压约 2V；白色发光二极管的工作电压通常高于 2.4V；蓝色发光二极管的工作电压通常高于 3.3V。发光二极管的工作电流不能超过额定值太高，否则，有烧毁的危险。故通常在发光

图 1-4-8　发光二极管

二极管回路中串联一个电阻 R 作为限流电阻。

红外发光二极管是一种特殊的发光二极管，其外形和发光二极管相似，只是它发出的是红外光，在正常情况下人眼是看不见的。其工作电压约 1.4V，工作电流一般小于 20mA。有些公司将两个不同颜色的发光二极管封装在一起，使之成为双色二极管（又名变色发光二极管）。这种发光二极管通常有三个引脚，其中一个是公共端。它可以发出三种颜色的光（其中一种是两种颜色的混合色），故通常作为不同工作状态的指示器件。

8. 双向触发二极管

双向触发二极管也称二端交流器件（如图 1-4-9）。它是一种硅双向电压触发开关器件，当双向触发二极管两端施加的电压超过其击穿电压时，两端即导通，导通将持续到电流中断或降到器件的最小保持电流才会再次关断。双向触发二极管通常应用在过压保护电路、移相电路、晶闸管触发电路、定时电路中。

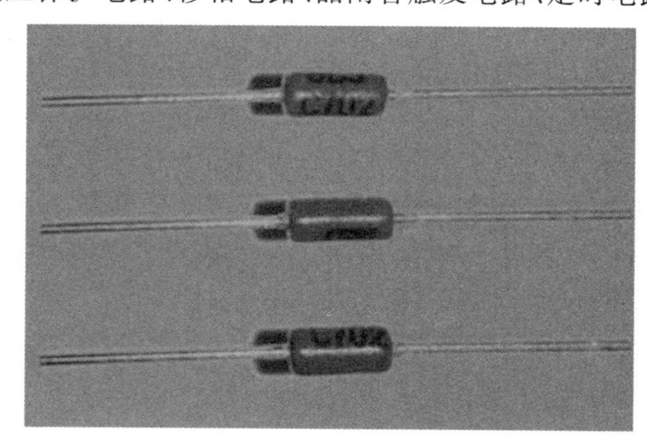

图 1-4-9　双向触发二极管

9. 变容二极管

变容二极管是利用反向偏压来改变 PN 结电容量的特殊半导体器件。变容二极管(如图 1-4-10)相当于一个容量可变的电容器,它的两个电极之间的 PN 结电容大小,随加到变容二极管两端反向电压大小的改变而变化。当加到变容二极管两端的反向电压增大时,变容二极管的容量减小。由于变容二极管具有这一特性,所以它主要用于电调谐回路(如彩色电视机的高频头)中,作为一个可以通过电压控制的自动微调电容器。

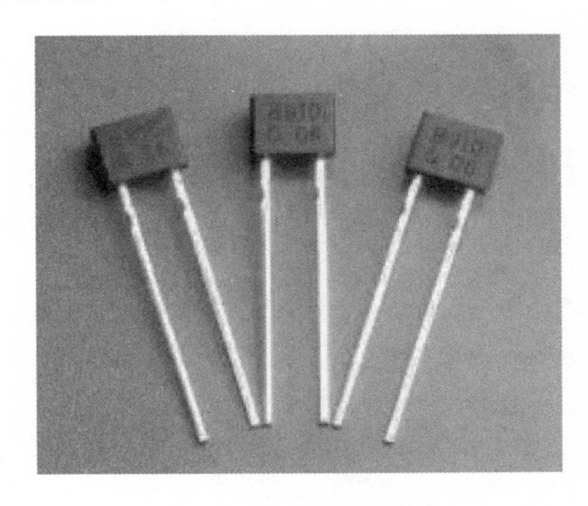

图 1-4-10 变容二极管

选用变容二极管时,应着重考虑其工作频率、最高反向工作电压、最大正向电流和零偏压结电容等参数是否符合应用电路的要求,应选用结电容变化大、高 Q 值、反向漏电流小的变容二极管。

1.4.3 二极管的主要参数

不同类型的二极管有不同的特性参数。对初学者而言,必须了解以下几个主要参数:

1. 额定正向工作电流

额定正向工作电流是指二极管长期连续工作时允许通过的最大正向电流值。因为电流通过管子时会使管芯发热,温度上升,温度超过容许限度(硅管为 140℃左右,锗管为 90℃左右)时,就会使管芯过热而损坏。所以,二极管使用中不要超过二极管额定正向工作电流值。例如,常用的 1N4001 型锗二极管的额定正向工作电流为 1A。

2. 最大浪涌电流

最大浪涌电流是允许流过的过量的正向电流。它不是正常电流,而是瞬间电流，这个值通常为额定正向工作电流的20倍左右。

3. 最高反向工作电压

加在二极管两端的反向电压高到一定值时，管子将会击穿，失去单向导电能力。为了保证使用安全，规定了最高反向工作电压值。例如，1N4001二极管反向耐压为50V，1N4007的反向耐压为1000V。

4. 反向电流

反向电流是指二极管在规定的温度和最高反向电压作用下，流过二极管的反向电流。反向电流越小，管子的单方向导电性能越好。值得注意的是反向电流与温度有着密切的关系，大约温度每升高10℃，反向电流增大一倍。例如2AP1型锗二极管，在25℃时，反向电流为250μA，温度升高到35℃，反向电流将上升到500μA，在75℃时，它的反向电流已达8mA，不仅失去了单方向导电特性，还会使管子过热而损坏。硅二极管比锗二极管在高温下具有较好的稳定性。

5. 反向恢复时间

从正向电压变成反向电压时，理想情况是电流能瞬时截止，实际上，一般要延迟一点点时间。决定电流截止延时的量，就是反向恢复时间。虽然它直接影响二极管的开关速度，但不一定说这个值小就好。

6. 最大功率

最大功率就是加在二极管两端的电压乘以流过的电流。这个极限参数对稳压二极管等显得特别重要。

1.4.4 二极管的识别与检测

一、二极管的识别

晶体二极管在电路中常用VD加数字表示，如：VD5表示编号为5的二极管。

二极管的识别很简单：小功率二极管的负极通常在表面用一个色环标出；有些二极管也采用"P""N"符号来确定二极管极性，"P"表示正极，"N"表示负极；金属封装二极管通常在表面印有与极性一致的二极管符号；发光二极管则通常用引脚长短来识别正负极，长脚为正，短脚为负。

整流桥的表面通常标注内部电路结构或者交流输入端以及直流输出端的名称，交流输入端通常用"AC"或者"～"表示；直流输出端通常以"＋""－"符号表示。

贴片二极管由于外形多种多样，其极性也有多种标注方法：在有引线的贴片二极管中，管体有白色色环的一端为负极；在有引线而无色环的贴片二极管中，引线较长的一端为正极；在无引线的贴片二极管中，表面有色带或者有缺口的一端为负极。

二、二极管的检测

在用指针式万用表检测二极管时，数值较小的一次，黑表笔所接的一端为正极，红表笔所接的一端则为负极。正反向电阻均为无穷大，则表明二极管已经开路损坏；若正反向电阻均为0，则表明二极管已经短路损坏。正常情况下，锗二极管的正向电阻约1.6kΩ。

用数字式万用表去测二极管时，红表笔接二极管的正极，黑表笔接二极管的负极，此时测得的阻值才是二极管的正向导通阻值，这与指针式万用表的表笔接法刚好相反。

若用数字万用表的二极管挡检测二极管则更加方便：将数字万用表置在二极管挡，然后将二极管的负极与数字万用表的黑表笔相接，正极与红表笔相接，此时显示屏上即可显示二极管正向压降值。不同材料的二极管，其正向压降值不同：硅二极管为0.55～0.7V，锗二极管为0.15～0.3V。若显示屏显示“0000”，说明管子已短路；若显示“0L”或者“过载”，说明二极管内部开路或处于反向状态，此时可对调表笔再测。

第五章　三极管

1.5.1　三极管概述

三极管，全称应为半导体三极管，也称双极型晶体管、晶体三极管，是一种控制电流的半导体器件。其作用是把微弱信号放大成幅度值较大的电信号，也用作无触点开关。晶体三极管，是半导体基本元器件之一，具有电流放大作用，是电子电路的核心元件。

1.5.2　工作原理

晶体三极管（以下简称三极管）按材料分有两种：锗管和硅管。而每一种又有NPN和PNP两种结构形式（如图1-5-1），但使用最多的是硅NPN和锗PNP两种三极管，两者除了电源极性不同外，其工作原理都是相同的，下面仅介绍NPN硅管的电流放大原理。

对于NPN管，它是由2块N型半导体中间夹着一块P型半导体所组成，发射区与基区之间形成的PN结称为发射结，而集电区与基区形成的PN结称为集电结，三条引线分别称为发射极e、基极b和集电极c。

当b点电位高于e点电位零点几伏时，发射结处于正偏状态，而c点电位高于

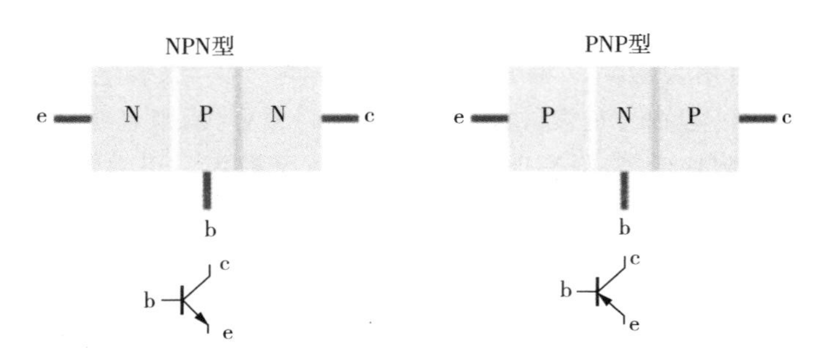

图 1－5－1

b 点电位几伏时，集电结处于反偏状态，集电极电源 E_c 要高于基极电源 E_b。

在制造三极管时，有意识地使发射区的多数载流子密度大于基区的密度，同时基区做得很薄，而且，要严格控制杂质含量，这样，一旦接通电源后，由于发射结正偏，发射区的多数载流子（电子）极基区的多数载流子（空穴）很容易地越过发射结互相向对方扩散，但因前者的浓度基大于后者，所以通过发射结的电流 I_e 基本上是电子流，这股电子流称为发射极电流了。

由于基区很薄，加上集电结的反偏，注入基区的电子大部分越过集电结进入集电区而形成集电极电流 I_c，只剩下很少（1%～10%）的电子在基区的空穴进行复合，被复合掉的基区空穴由基极电源 E 重新补给，从而形成了基极 I_b 电流根据电流连续性原理得：

$$I_e = I_b + I_c$$

这就是说，在基极 I_b 补充一个很小的，就可以在集电极上得到一个较大 I_c 的，这就是所谓电流放大作用，I_c 与 I_b 是维持一定的比例关系，即

$$I_c = \beta I_b$$

式中：β 称为直流放大倍数。

集电极电流的变化量 ΔI_c 与基极电流的变化量 ΔI_b 之比为：

$$\beta_1 = \Delta I_c / \Delta I_b$$

式中，β_1——称为交流电流放大倍数。由于低频时 β_1 和 β 的数值相差不大，所以有时为了方便起见，对两者不作严格区分，β 值约为几十至一百多。

三极管是一种电流放大器件，但在实际使用中常常利用三极管的电流放大作用，通过电阻转变为电压放大作用。

三极管放大时管子内部的工作原理：

1. 发射区向基区发射电子

电源 E 经过电阻 R_b 加在发射结上，发射结正偏，发射区的多数载流子（自由电子）不断地越过发射结进入基区，形成发射极电流 I_e。同时基区多数载流子也向发射区扩散，但由于多数载流子浓度远低于发射区载流子浓度，可以不考虑这个电流，因此可以认为发射结主要是电子流。

2. 基区中电子的扩散与复合

电子进入基区后，先在靠近发射结的附近密集，渐渐形成电子浓度差，在浓度差的作用下，促使电子流在基区中向集电结扩散，被集电结电场拉入集电区形成集电极电流 I_c。也有很小一部分电子（因为基区很薄）与基区的空穴复合，扩散的电子流与复合电子流之比例决定了三极管的放大能力。

3. 集电区收集电子

由于集电结外加反向电压很大，这个反向电压产生的电场力将阻止集电区电子向基区扩散，同时将扩散到集电结附近的电子拉入集电区从而形成集电极主电流 I_cn。另外集电区的少数载流子（空穴）也会产生漂移运动，流向基区形成反向饱和电流，用 I_{CBO} 来表示，其数值很小，但对温度却异常敏感。

1.5.3　判断基极和三极管的类型

三极管的脚位判断，三极管的脚位有两种封装排列形式，如图 1－5－2 所示。

三极管是一种结型电阻器件，它的三个引脚都有明显的电阻数据，测试时（以数字万用表为例，红笔＋，黑笔－）我们将测试档位切换至二极管档（蜂鸣档），标志符号如图 1－5－3 所示。

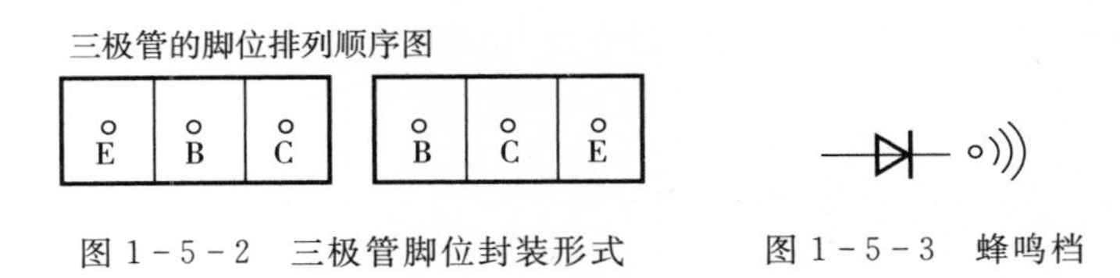

图 1－5－2　三极管脚位封装形式　　图 1－5－3　蜂鸣档

正常的 NPN 结构三极管的基极（B）对集电极（C）、发射极（E）的正向电阻是 430～680Ω（根据型号的不同，放大倍数的差异，这个值有所不同）反向电阻无穷大；正常的 PNP 结构的三极管的基极（B）对集电极（C）、发射极（E）的反向电阻是 430～680Ω，正向电阻无穷大。集电极 C 对发射极 E 在不加偏流的情况下，电阻为无穷大。基极对集电极的测试电阻约等于基极对发射极的测试电阻，通常情况下，基极对集电极的测试电阻要比基极对发射极的测试电阻小 5～100Ω（大功率管比较明显），如果超出这个值，这个元件的性能已经变坏，请不要再使用。如果误使用于电路中可能会导致整个或部分电路的工作点变坏，这个元件也可能不久就会损坏，大功率电路和高频电路对这种劣质元件反应比较明显。

尽管封装结构不同，但与同参数的其他型号的管子功能和性能是一样的，不同的封装结构只是应用于电路设计中特定的使用场合的需要。

要注意有些厂家生产一些不规范元件，例如 C945 正常的脚位是 BCE，但有的厂家出的此元件脚位排列却是 EBC，这会造成那些粗心的工作人员将新元件在未检测的情况下装入电路，导致电路不能工作，严重时烧毁相关联的元器件，比如电视机上用的开关电源。

在我们常用的万用表中，测试三极管的脚位排列图如图 1-5-4 所示。

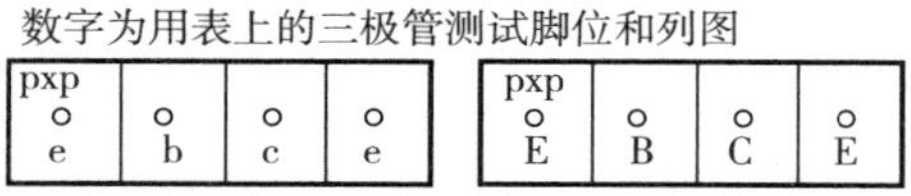

数字为用表上的三极管测试脚位和列图

pxp ○ e	○ b	○ c	○ e

pxp ○ E	○ B	○ C	○ E

图 1-5-4　测试三极管的脚位排列图

先假设三极管的某极为“基极”。将黑表笔接在假设基极上，再将红表笔依次接到其余两个电极上，若两次测得的电阻都大（几千到几万欧），或者都小（几百欧至几千欧），对换表笔重复上述测量，若测得两个阻值相反（都很小或都很大），则可确定假设的基极是正确的，否则另假设一极为“基极”，重复上述测试，以确定基极。

当基极确定后，将黑表接基极，红表笔笔接其他两极若测得电阻值都很少，则该三极管为 NPN，反之为 PNP。

判断集电极 C 和发射极 E，以 NPN 为例：

把黑表笔接至假设的集电极 C，红表笔接到假设的发射极 E，并用手捏住 B 和 C 极，读出表头所示 CE 电阻值，然后将红黑表笔反接重测。若第一次电阻比第二次小，说明原假设成立。

1.5.4　测判三极管的口诀

三极管的管型及管脚的判别是电子技术初学者的一项基本功，为了帮助读者迅速掌握测判方法，笔者总结出四句口诀：“三颠倒，找基极；PN 结，定管型；顺箭头，偏转大；测不准，动嘴巴。”下面让我们逐句进行解释吧。

1. 三颠倒，找基极

大家知道，三极管是含有两个 PN 结的半导体器件。根据两个 PN 结连接方式不同，可以分为 NPN 型和 PNP 型两种不同导电类型的三极管。

测试三极管要使用万用电表的欧姆挡，并选择 $R\times100$ 或 $R\times1k$ 挡位。红表笔所连接的是表内电池的负极，黑表笔则连接着表内电池的正极。

假定我们并不知道被测三极管是NPN型还是PNP型,也分不清各管脚是什么电极。测试的第一步是判断哪个管脚是基极。这时,我们任取两个电极(如这两个电极为1、2),用万用电表两支表笔颠倒测量它的正、反向电阻,观察表针的偏转角度;接着,再取1、3两个电极和2、3两个电极,分别颠倒测量它们的正、反向电阻,观察表针的偏转角度。在这三次颠倒测量中,必然有两次测量结果相近:颠倒测量中表针一次偏转大,一次偏转小;剩下一次必然是颠倒测量前后指针偏转角度都很小,这一次未测的那只管脚就是我们要寻找的基极。

2. PN结,定管型

找出三极管的基极后,我们就可以根据基极与另外两个电极之间PN结的方向来确定管子的导电类型。将万用表的黑表笔接触基极,红表笔接触另外两个电极中的任一电极,若表头指针偏转角度很大,则说明被测三极管为NPN型管;若表头指针偏转角度很小,则被测管即为PNP型。

3. 顺箭头,偏转大

找出了基极b,另外两个电极哪个是集电极c,哪个是发射极e呢?这时我们可以用测穿透电流I_{CEO}的方法确定集电极c和发射极e。

(1)对于NPN型三极管,穿透电流的测量电路。根据这个原理,用万用电表的黑、红表笔颠倒测量两极间的正、反向电阻R_{ce}和R_{ec},虽然两次测量中万用表指针偏转角度都很小,但仔细观察,总会有一次偏转角度稍大,此时电流的流向一定是:黑表笔→c极→b极→e极→红表笔,电流流向正好与三极管符号中的箭头方向一致顺箭头,所以此时黑表笔所接的一定是集电极c,红表笔所接的一定是发射极e。

(2)对于PNP型的三极管,道理也类似于NPN型,其电流流向一定是:黑表笔→e极→b极→c极→红表笔,其电流流向也与三极管符号中的箭头方向一致,所以此时黑表笔所接的一定是发射极e,红表笔所接的一定是集电极c。

4. 测不出,动嘴巴

若在“顺箭头,偏转大”的测量过程中,若由于颠倒前后的两次测量指针偏转均太小难以区分时,就要“动嘴巴”了。具体方法是:在“顺箭头,偏转大”的两次测量中,用两只手分别捏住两表笔与管脚的结合部,用嘴巴含住(或用舌头抵住)基电极b,仍用“顺箭头,偏转大”的判别方法即可区分开集电极c与发射极e。其中人体起到直流偏置电阻的作用,目的是使效果更加明显。

第二篇　风光互补发电系统实训

第一章　初识风光互补发电系统

风光互补发电实训系统是2012年全国职业院校技能大赛高职组和中职组“风光互补发电系统安装与调试”赛项指定使用的大赛设备，其型号是KNT－WP01，由南京康尼科技实业有限公司提供。KNT－WP01型风光互补发电实训系统主要由光伏供电装置、光伏供电系统、风力供电装置、风力供电系统、逆变与负载系统、监控系统组成，如图2－1－1所示。KNT－WP01型风光互补发电实训系统采用模块式结构，各装置和系统具有独立的功能，可以组合成光伏发电实训系统、风力发电实训系统。

图2－1－1　KNT－WP01型风光互补发电实训系统

2.1.1　光伏供电装置和光伏供电系统

一、光伏供电装置

1. 光伏供电装置的组成

光伏供电装置主要由光伏电池组件、投射灯、光线传感器、光线传感器控制盒、水平方向和俯仰方向运动机构、摆杆、摆杆减速箱、摆杆支架、单相交流电动机、电容器、直流电动机、接近开关、微动开关、底座支架等设备与器件组成，如图 2-1-2 所示。

4 块光伏电池组件并联组成光伏电池方阵，光线传感器安装在光伏电池方阵中央。2 盏 300W 的投射灯安装在摆杆支架上，摆杆底端与减速箱输出端连接，减速箱输入端连接单相交流电动机。电动机旋转时，通过减速箱驱动摆杆做圆周摆动。摆杆底端与底座支架连接部分安装了接近开关和微动开关，用于摆杆位置的限位和保护。水平和俯仰方向运动机构由水平运动减速箱、俯仰运动减速箱、水平运动和俯仰运动直流电动机、接近开关和微动开关组成。水平运动和俯仰运动直流电动机旋转时，水平运动减速箱驱动光伏电池方阵做向东方向或向西方向的水平移动、俯仰运动减速箱驱动光伏电池方阵作向北方向或向南方向的俯仰移动，接近开关和微动开关用于光伏电池方阵位置的限位和保护。

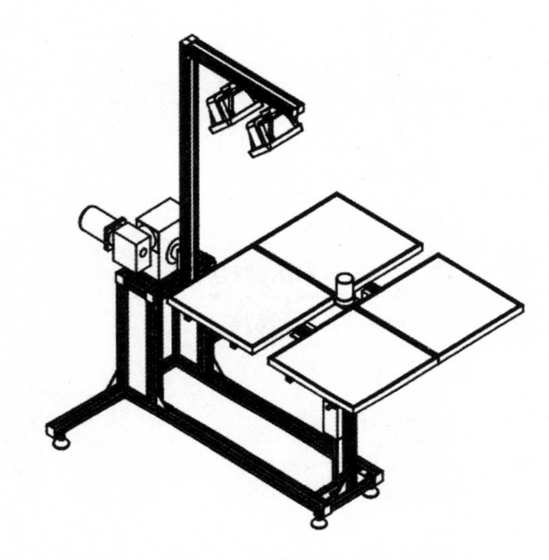

图 2-1-2　光伏供电装置

2. 部分设备（器件）参数

(1)光电池组件参数

额定功率：20W；额定电压：17.2V；额定电流：1.17A；开路电压：21.4V；短路电流：1.27A；尺寸：430mm×430mm×28mm。

(2)投影灯主要参数

电压：AC220V；额定功率：300W。

(3)光线传感器主要参数

4 个象限。

(4)水平、俯仰运动减速箱主要参数

减速比：1∶80。

(5)摆杆减速箱主要参数

减速比：1∶3000。

3. 光伏供电装置的设备和器件清单

表 2-1-1 是光伏供电装置的设备和器件清单。

表 2-1-1 光伏供电装置的设备和器件清单

序号	设备(器件)名称	数量	序号	设备(器件)名称	数量
1	光伏电池组件	4	12	光伏电池组件北、南方向限位微动开关	2
2	投射灯	2	13	摆杆减速箱	1
3	光线传感器	1	14	摆杆减速箱底座	1
4	光线传感器控制盒	1	15	摆杆	1
5	水平和仰俯方向运动机构	1	16	摆杆支架	1
6	水平和仰俯方向运动机构支架	1	17	单相交流电动机	1
7	水平运动减速箱	1	18	电容器	1
8	仰俯运动减速箱	1	19	午日位置接近开关	1
9	水平运动直流电动机	1	20	摆杆东、西方向运动限位微动开关	2
10	仰俯运动直流电动机	1	21	底座支架	1
11	光伏电池组件水平运动限位接近开关	1	22	连杆	1

二、光伏供电系统

光伏供电系统主要由光伏电源控制单元、光伏输出显示单元、触摸屏、光伏供电控制单元、DSP 控制单元、接口单元、西门子 S7-200PLC、继电器组、接线排、蓄电池组、可调电阻、断路器、12V 开关电源、网孔架等组成，如图 2-1-3 所示。

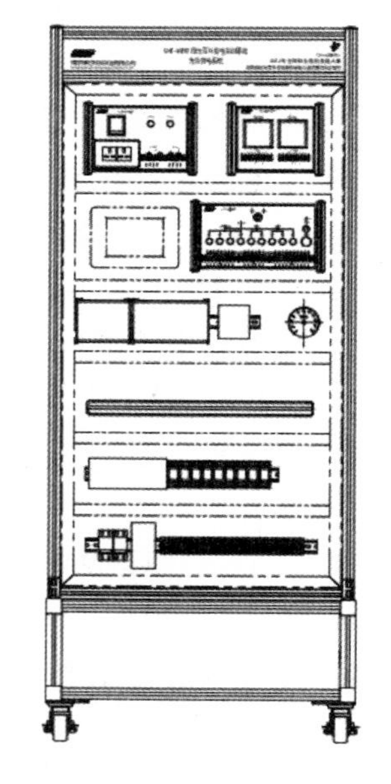

图 2-1-3 光伏供电系统

1. 光伏电源控制单元

(1)光伏电源控制单元面板

光伏电源控制单元面板如图 2-1-4 所示。光伏电源控制单元主要由断路器、+24V 开关电源、AC220V 电源插座、指示灯、接线端 DT1 和 DT2 等组成。

接线端子 DT1.1、DT1.2 和 DT1.3、DT1.4 分别接入 AC220V 的 L 和 N。接线端子 DT2.1、DT2.2 和 DT2.3、DT2.4 分别输出+24V 和 0V。光伏电源控制单元的电气原理图如图 2-1-5 所示。

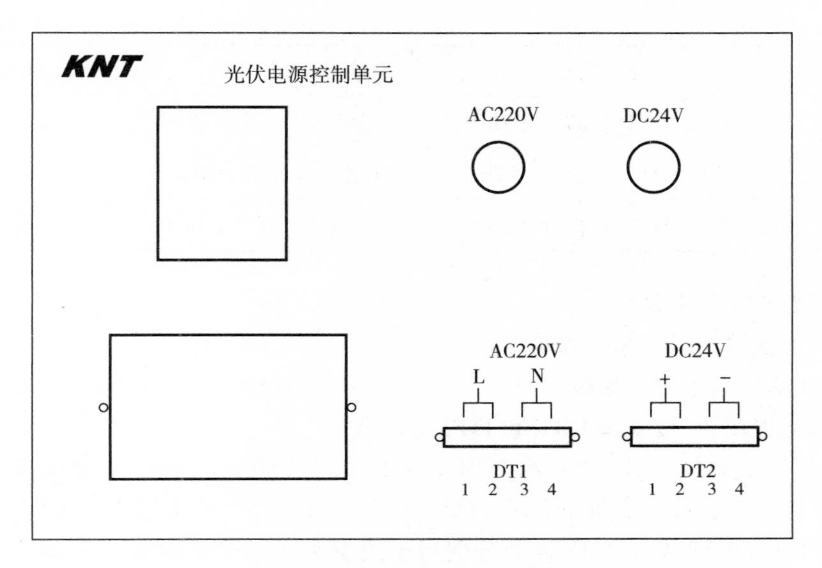

图 2-1-4　光伏电源控制单元面板

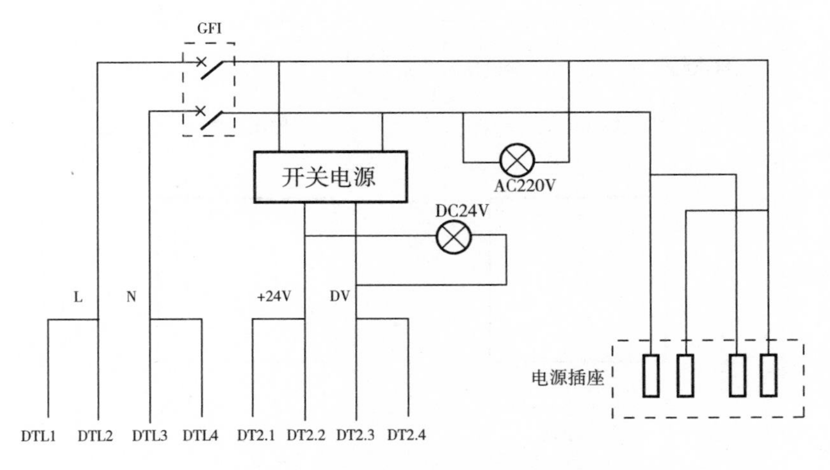

图 2-1-5　光伏电源控制单元的电气原理图

(2)光伏电源控制单元接线

光伏电源控制单元接线详见表 2-1-2。

表 2-1-2　光伏电源控制单元接线

序号	起始端子	结束端子	线型
1	DT1.1、DT1.2(ϕ3 叉型端子)	接线排 L(管型端子)	0.75mm² 红色

（续表）

序号	起始端子	结束端子	线型
2	DT1.3、DT1.4（ϕ3 叉型端子）	接线排 N（管型端子）	0.75mm² 黑色
3	DT2.1、DT2.2（ϕ3 叉型端子）	接线排＋24V（管型端子）	0.75mm² 红色
4	DT2.3、DT2.4（ϕ3 叉型端子）	接线排 0V（管型端子）	0.75mm² 白色

2. 光伏输出显示单元

（1）光伏输出显示单元面板

光伏输出显示单元面板如图 2-1-6 所示，光伏输出显示单元主要由直流电流表、直流电压表、接线端 DT3 和 DT4 等组成。

接线端子 DT3.3、DT3.4 和 DT4.3、DT4.4 分别接入 AC220V 的 L 和 N。接线端子 DT3.5、DT3.6 和 DT4.5、DT4.6 分别是 RS485 通信端口。接线端子 DT3.1、DT3.2 和 DT4.1、DT4.2 分别用于测量和显示光伏电池方阵输出的直流电流和直流电压。

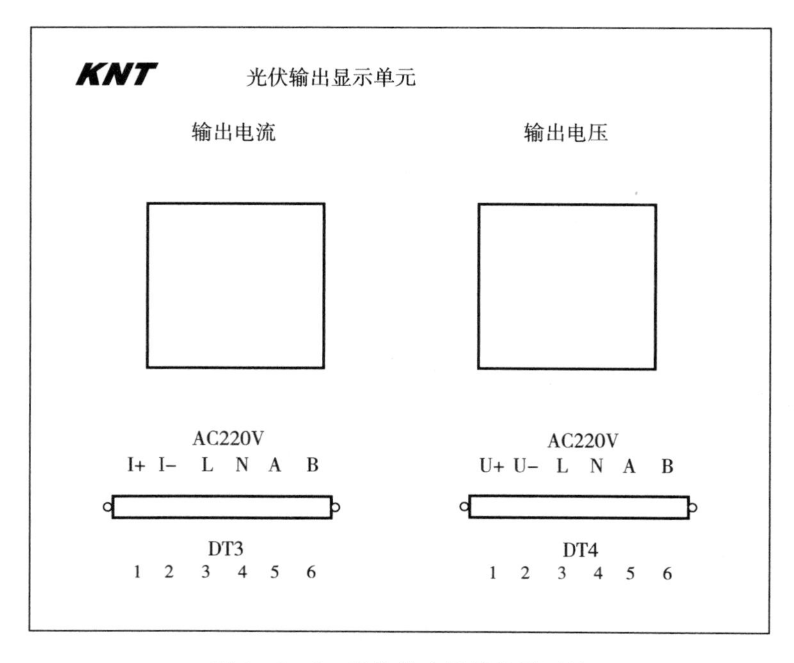

图 2-1-6　光伏输出显示单元面板

（2）光伏输出显示单元接线

光伏输出显示单元电气原理图详见图 2-1-14，光伏输出显示单元接线详见

表2-1-3。

表2-1-3　光伏输出显示单元接线

序号	起始端位置	结束端位置	线型
1	DT3.3(ϕ3叉型端子)	接线排L(管型端子)	0.75mm²红色
2	DT3.4(ϕ3叉型端子)	接线排N(管型端子)	0.75mm²红色
3	DT4.3(ϕ3叉型端子)	接线排L(管型端子)	0.75mm²红色
4	DT3.4(ϕ3叉型端子)	接线排N(管型端子)	0.75mm²红色
5	DT3.1(ϕ3叉型端子)	QF07输出(ϕ3叉型端子)	0.5mm²红色
6	DT3.2(ϕ3叉型端子)	DT4.1(ϕ3叉型端子)	0.5mm²红色
7	DT4.1(ϕ3叉型端子)	XT1.29(管型端子)	0.5mm²红色
8	DT4.2(ϕ3叉型端子)	XT1.30(管型端子)	0.5mm²红色
9	DT3.5(ϕ3叉型端子)	DT4.5(ϕ3叉型端子)	0.5mm²红色
10	DT3.6(ϕ3叉型端子)	DT4.6(ϕ3叉型端子)	0.5mm²红色
11	DT4.5(ϕ3叉型端子)	XT1.33(管型端子)	屏蔽电缆
12	DT4.6(ϕ3叉型端子)	XT1.34(管型端子)	屏蔽电缆

3.光伏供电控制单元

(1)光伏供电控制单元组成

光伏供电控制单元主要由选择开关、急停按钮、带灯按钮、接线端DT5、DT6和DT7等组成，光伏供电控制单元面板如图2-1-7所示。选择开关自动挡、启动按钮、向东按钮、向西按钮、向北按钮、向南按钮、灯1按钮、灯2按钮、东西按钮、西东按钮、停止按钮均使用常开触点，分别接在接线端子的DT5.2、DT5.3、DT5.5、DT5.6、DT5.7、DT5.8、DT6.1、DT6.2、DT6.3、DT6.4、DT6.5等端口。急停按钮使用常闭触点，接在接线端子的DT5.4端口。接线端子DT5.1和DT6.6分别接入+24V和0V。接线端DT7有10个端口，分别接入相应按钮的指示灯。

(2)光伏供电控制单元电气原理图

光伏供电控制单元的电气原理图如图2-1-8所示。

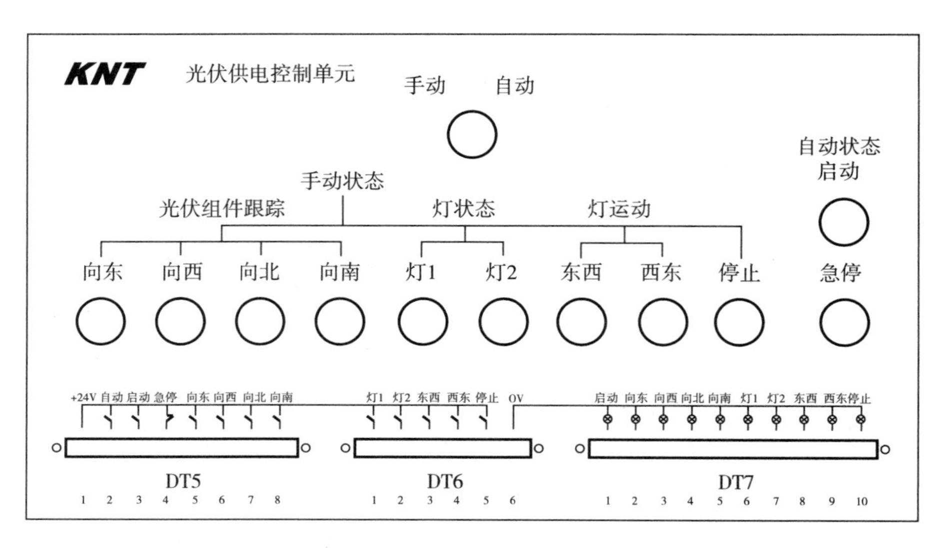

图 2-1-7　光伏供电控制单元面板

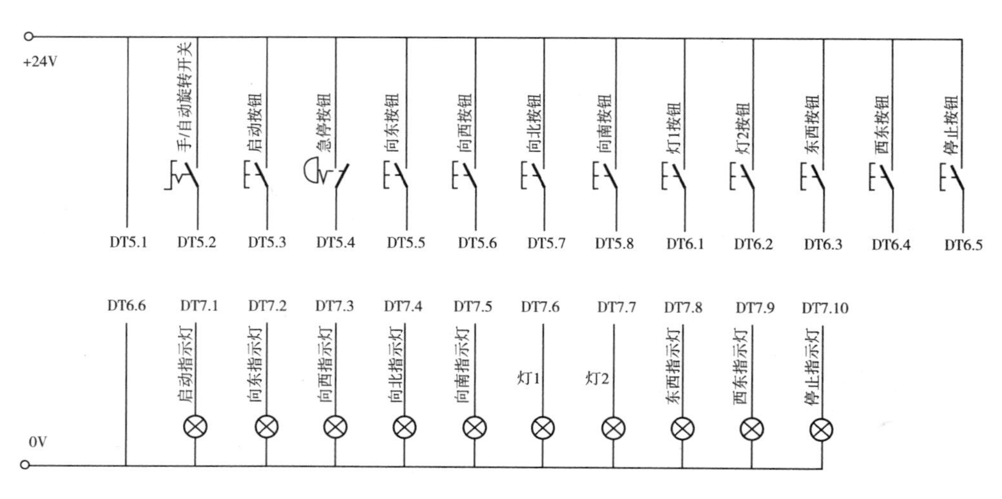

图 2-1-8　光伏供电控制单元电气原理图

(3)光伏供电控制单元器件清单

光伏供电控制单元器件清单详见表 2-1-4。

表 2-1-4　光伏供电控制单元器件清单

序号	器件名称	功能	数量	备注
1	选择开关	程序的手动或自动选择	1	自动挡为常开触点

（续表）

序号	器件名称	功能	数量	备注
2	急停按钮	用于急停处理	1	常闭触点
3	启动按钮	程序启动	1	带灯（绿色）按钮、常开触点
4	向东按钮	光伏电池方阵向东偏转	1	带灯（黄色）按钮、常开触点
5	向西按钮	光伏电池方阵向西偏转	1	带灯（黄色）按钮、常开触点
6	向北按钮	光伏电池方阵向北偏转	1	带灯（黄色）按钮、常开触点
7	向南按钮	光伏电池方阵向南偏转	1	带灯（黄色）按钮、常开触点
8	灯 1 按钮	投射灯 1 亮	1	带灯（绿色）按钮、常开触点
9	灯 2 按钮	投射灯 2 亮	1	带灯（绿色）按钮、常开触点
10	东西按钮	投射灯由东向西移动	1	带灯（黄色）按钮、常开触点
11	西东按钮	投射灯由西向东移动	1	带灯（黄色）按钮、常开触点
12	停止按钮	程序停止	1	带灯（红色）按钮、常开触点
13	8 位接线端子		1	DT-8P
14	6 位接线端子		1	DT-6P
15	10 位接线端子		1	DT-10P

(4)光伏供电控制单元接线

光伏供电控制单元接线详见表 2-1-5。

表 2-1-5　光伏供电控制单元接线

序号	起始端位置	结束端位置	线型
1	DT5.1(ϕ3 叉型端子)	接线排+24V(管型端子)	0.5mm^{2}红色

（续表）

序号	起始端位置	结束端位置	线型
2	DT5.2(ϕ3 叉型端子)	CPU226I0.0(管型端子)	0.5mm² 蓝色
3	DT5.3(ϕ3 叉型端子)	CPU226I0.1(管型端子)	0.5mm² 蓝色
4	DT5.4(ϕ3 叉型端子)	CPU226I0.2(管型端子)	0.5mm² 蓝色
5	DT5.5(ϕ3 叉型端子)	CPU226I0.3(管型端子)	0.5mm² 蓝色
6	DT5.6(ϕ3 叉型端子)	CPU226I0.4(管型端子)	0.5mm² 蓝色
7	DT5.7(ϕ3 叉型端子)	CPU226I0.5(管型端子)	0.5mm² 蓝色
8	DT5.8(ϕ3 叉型端子)	CPU226I0.6(管型端子)	0.5mm² 蓝色
9	DT6.1(ϕ3 叉型端子)	CPU226I0.7(管型端子)	0.5mm² 蓝色
10	DT6.2(ϕ3 叉型端子)	CPU226I1.0(管型端子)	0.5mm² 蓝色
11	DT6.3(ϕ3 叉型端子)	CPU226I1.1(管型端子)	0.5mm² 蓝色
12	DT6.4(ϕ3 叉型端子)	CPU226I1.2(管型端子)	0.5mm² 蓝色
13	DT6.5(ϕ3 叉型端子)	CPU226I1.3(管型端子)	0.5mm² 蓝色
14	DT6.6(ϕ3 叉型端子)	接线排 0V(管型端子)	0.5mm² 白色
15	DT7.1(ϕ3 叉型端子)	CPU226Q0.0(管型端子)	0.5mm² 蓝色
16	DT7.2(ϕ3 叉型端子)	CPU226Q0.1(管型端子)	0.5mm² 蓝色
17	DT7.3(ϕ3 叉型端子)	CPU226Q0.2(管型端子)	0.5mm² 蓝色
18	DT7.4(ϕ3 叉型端子)	CPU226Q0.3(管型端子)	0.5mm² 蓝色
19	DT7.5(ϕ3 叉型端子)	CPU226Q0.4(管型端子)	0.5mm² 蓝色
20	DT7.6(ϕ3 叉型端子)	CPU226Q0.5(管型端子)	0.5mm² 蓝色
21	DT7.7(ϕ3 叉型端子)	CPU226Q0.6(管型端子)	0.5mm² 蓝色
22	DT7.8(ϕ3 叉型端子)	CPU226Q0.7(管型端子)	0.5mm² 蓝色
23	DT7.9(ϕ3 叉型端子)	CPU226Q1.0(管型端子)	0.5mm² 蓝色
24	DT7.10(ϕ3 叉型端子)	CPU226Q1.1(管型端子)	0.5mm² 蓝色

4. 光伏供电主电路

(1)光伏供电主电路电气原理

光伏供电由光伏供电装置和光伏供电系统完成，光伏供电主电路电气原理如图 2-1-9 所示。继电器 KA1 和继电器 KA2 将单相 AC220V 通过接插座 CON2 提供给摆杆偏转电动机，电动机旋转时，安装在摆杆上的投射灯由东向西方向或由西向东方向移动。摆杆偏转电动机是单相交流电动机，正、反转由继电器 KA1 和继电器 KA2 分别完成。

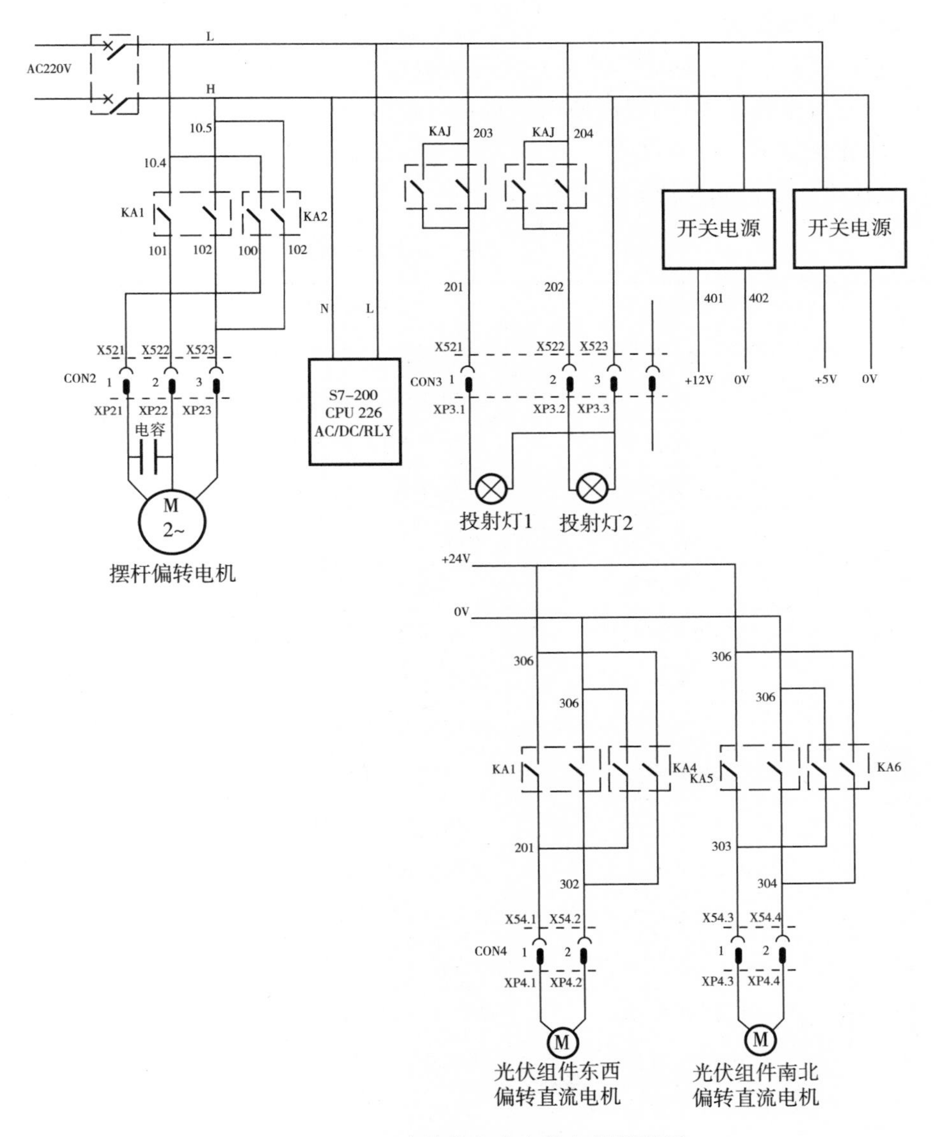

图 2-1-9 光伏供电主电路电气原理图

继电器 KA7 和继电器 KA8 将单相 AC220V 通过接插座 CON3 分别提供给投射灯 1 和投射灯 2。光伏电池方阵分别向东偏转或向西偏转是由水平运动直流电动机控制，正、反转由继电器 KA3 和继电器 KA4 通过接插座 CON4 向直流电动机提供不同极性的直流 24V 电源，实现直流电动机的正、反转。光伏电池方阵分别向北偏转或向南偏转是由另俯仰运动直流电动机控制，正、反转由继电器 KA5 和继电器 KA6 完成。

直流 12V 开关电源是提供给光线传感器控制盒中的继电器线圈使用。继电器 KA1 至继电器 KA8 的线圈使用＋24V 电源。

(2)光伏供电主电路接线

光伏供电主电路接线详见表 2-1-6。

表 2-1-6　光伏供电主电路接线

序号	起始端位置	结束端位置	线型
1	L(QF01、ϕ4 叉型端子)	接线排 L(管型端子)	1mm² 红色
2	N(QF01、ϕ4 叉型端子)	接线排 N(管型端子)	1mm² 黑色
3	101(ϕ3 叉型端子)	接线排 XT1.4(管型端子)	0.75mm² 蓝色
4	102(ϕ3 叉型端子)	接线排 XT1.5(管型端子)	0.75mm² 蓝色
5	103(ϕ3 叉型端子)	接线排 XT1.3(管型端子)	0.75mm² 蓝色
6	104(ϕ3 叉型端子)	接线排 L(管型端子)	0.75mm² 蓝色
7	105(ϕ3 叉型端子)	接线排 N(管型端子)	0.75mm² 蓝色
8	201(ϕ3 叉型端子)	接线排 XT1.6(管型端子)	1mm² 红色
9	202(ϕ3 叉型端子)	接线排 XT1.7(管型端子)	1mm² 红色
10	203(ϕ3 叉型端子)	接线排 L(管型端子)	1mm² 红色
11	204(ϕ3 叉型端子)	接线排 L(管型端子)	1mm² 红色
12	301(ϕ3 叉型端子)	接线排 XT1.8(管型端子)	0.5mm² 蓝色
13	302(ϕ3 叉型端子)	接线排 XT1.9(管型端子)	0.5mm² 蓝色
14	303(ϕ3 叉型端子)	接线排 XT1.10(管型端子)	0.5mm² 蓝色
15	304(ϕ3 叉型端子)	接线排 XT1.11(管型端子)	0.5mm² 蓝色
16	305(ϕ3 叉型端子)	接线排＋24V(管型端子)	0.5mm² 红色
17	306(ϕ3 叉型端子)	接线排 0V(管型端子)	0.5mm² 白色
18	307(ϕ3 叉型端子)	接线排＋24V(管型端子)	0.5mm² 红色
19	308(ϕ3 叉型端子)	接线排 0V(管型端子)	0.5mm² 白色
20	401(ϕ3 叉型端子)	接线排＋12V(管型端子)	0.5mm² 红色
21	402(ϕ3 叉型端子)	接线排 0V(管型端子)	0.5mm² 白色

5. 西门子 S7－200 CPU226

(1)S7－200 CPU226 输入输出接口

光伏供电系统使用西门子 S7－200 CPU226 作为光伏供电装置工作的控制器,该 PLC 有 24 个输入、16 个继电器输出,输入输出的接口如图 2－1－10 所示。

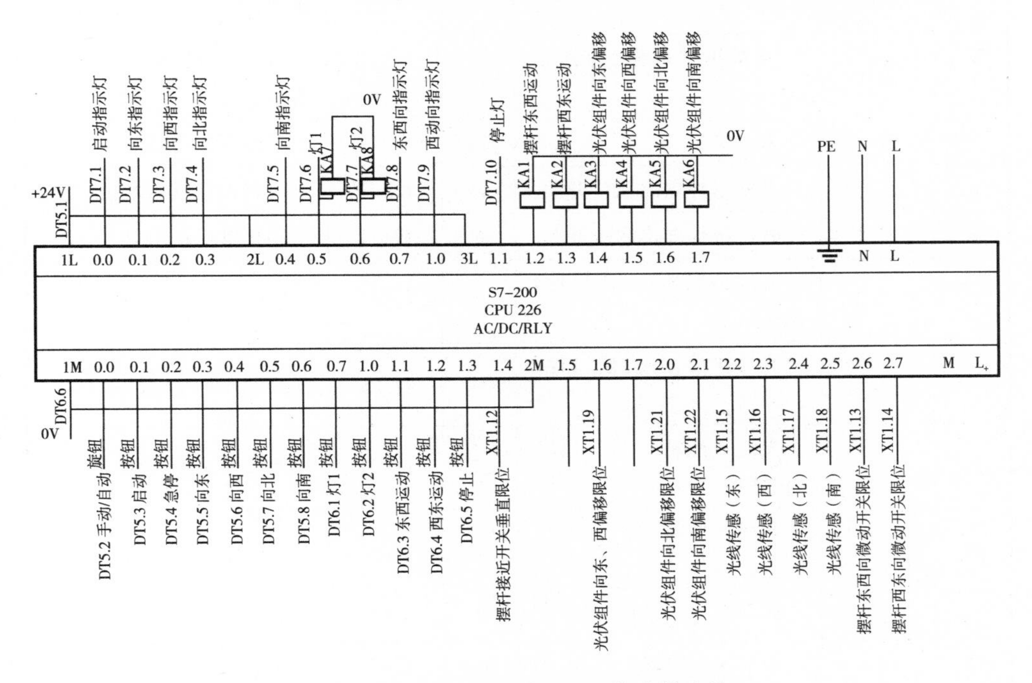

图 2－1－10　S7－200 CPU226 输入输出接口

(2)S7－200 CPU226 输入输出配置

S7－200 CPU226 输入输出配置详见表 2－1－7。

表 2－1－7　S7－200 CPU226 输入输出配置

序号	输入输出	配　置	序号	输入输出	配　置
1	I0.0	旋转开关自动挡	7	I0.6	向北按钮
2	I0.1	启动按钮	8	I0.7	灯 1 按钮
3	I0.2	急停按钮	9	I1.0	灯 2 按钮
4	I0.3	向东按钮	10	I1.1	东西按钮
5	I0.4	向西按钮	11	I1.2	西东按钮
6	I0.5	向南按钮	12	I1.3	停止按钮

（续表）

序号	输入输出	配　置	序号	输入输出	配　置
13	I1.4	白干接近开关垂直限位	29	Q0.4	向南指示灯
14	I1.5	未定义	30	Q0.5	灯1按钮指示灯、KA7线圈
15	I1.6	光伏组件向东、向西限位开关	31	Q0.6	灯2按钮指示灯、KA8线圈
16	I1.7	未定义	32	Q0.7	东西按钮指示灯
17	I2.0	光伏组件向北限位开关	33	Q1.0	西东按钮指示灯
18	I2.1	光伏组件向南限位开关	34	Q1.1	停止按钮指示灯
19	I2.2	光线传感器（光伏组件）向东信号	35	Q1.2	继电器KA1线圈
20	I2.3	光线传感器（光伏组件）向西信号	36	Q1.3	继电器KA2线圈
21	I2.4	光线传感器（光伏组件）向北信号	37	Q1.4	继电器KA3线圈
22	I2.5	光线传感器（光伏组件）向南信号	38	Q1.5	继电器KA4线圈
23	I2.6	摆杆东西向限位开关	39	Q1.6	继电器KA5线圈
24	I2.7	摆杆西东向限位开关	40	Q1.7	继电器KA6线圈
25	Q0.0	启动按钮指示灯	41	1M	0V
26	Q0.1	向东按钮指示灯	42	2M	0V
27	Q0.2	向西按钮指示灯	43	1L	DC24V
28	Q0.3	向北按钮指示灯	44	2L	DC24V

（3）S7－200 CPU226输入输出接线

S7－200 CPU226输入输出接线详见表2－1－8。

表2－1－8　S7－200 CPU226输入输出接线

序号	起始端位置	结束端位置	线型
1	L（管型端子）	接线排L（管型端子）	0.75mm^{2}红色
2	N（管型端子）	接线排N（管型端子）	0.75mm^{2}黑色

（续表）

序号	起始端位置	结束端位置	线型
3	GND(管型端子)	接线排 PE(管型端子)	0.75mm² 黄绿色
4	1M(管型端子)	接线排 0V(管型端子)	0.5mm² 白色
5	2M(管型端子)	接线排 0V(管型端子)	0.5mm² 白色
6	1L(管型端子)	接线排＋24V(管型端子)	0.5mm² 红色
7	2L(管型端子)	接线排＋24V(管型端子)	0.5mm² 红色
8	3L(管型端子)	接线排＋24(管型端子)	0.5mm² 红色
9	I0.0(管型端子)	DT5.2(管型端子)	0.5mm² 蓝色
10	I0.1(管型端子)	DT5.3(管型端子)	0.5mm² 蓝色
11	I0.2(管型端子)	DT5.4(管型端子)	0.5mm² 蓝色
12	I0.3(管型端子)	DT5.5(ϕ3 叉型端子)	0.5mm² 蓝色
13	I0.4(管型端子)	DT5.6(ϕ3 叉型端子)	0.5mm² 蓝色
14	I0.5(管型端子)	DT5.7(ϕ3 叉型端子)	0.5mm² 蓝色
15	I0.6(管型端子)	DT5.8(ϕ3 叉型端子)	0.5mm² 蓝色
16	I0.7(管型端子)	DT6.1(ϕ3 叉型端子)	0.5mm² 蓝色
17	I1.0(管型端子)	DT6.2(ϕ3 叉型端子)	0.5mm² 蓝色
18	I1.1(管型端子)	DT6.3(ϕ3 叉型端子)	0.5mm² 蓝色
19	I1.2(管型端子)	DT6.4(ϕ3 叉型端子)	0.5mm² 蓝色
20	I1.3(管型端子)	DT6.5(ϕ3 叉型端子)	0.5mm² 蓝色
21	I1.4(管型端子)	XT1.12(管型端子)	0.5mm² 蓝色
22	I1.5 未定义		
23	I1.6(管型端子)	XT1.19(管型端子)	0.5mm² 蓝色
24	I1.7 未定义		
25	I2.0(管型端子)	XT1.21(管型端子)	0.5mm² 蓝色
26	I2.1(管型端子)	XT1.22(管型端子)	
27	I2.2(管型端子)	XT1.15(管型端子)	0.5mm² 蓝色
28	I2.3(管型端子)	XT1.16(管型端子)	0.5mm² 蓝色
29	I2.4(管型端子)	XT1.17(管型端子)	0.5mm² 蓝色

（续表）

序号	起始端位置	结束端位置	线型
30	I2.5(管型端子)	XT1.18(管型端子)	0.5mm² 蓝色
31	I2.6(管型端子)	XT1.13(管型端子)	0.5mm² 蓝色
32	I2.7(管型端子)	XT1.14(管型端子)	0.5mm² 蓝色
33	Q0.0(管型端子)	DT7.1(ϕ3 叉型端子)	0.5mm² 蓝色
34	Q0.1(管型端子)	DT7.2(ϕ3 叉型端子)	0.5mm² 蓝色
35	Q0.2(管型端子)	DT7.3(ϕ3 叉型端子)	0.5mm² 蓝色
36	Q0.3(管型端子)	DT7.4(ϕ3 叉型端子)	0.5mm² 蓝色
37	Q0.4(管型端子)	DT7.5(ϕ3 叉型端子)	0.5mm² 蓝色
38	Q0.5(管型端子)	DT7.6(ϕ3 叉型端子)	0.5mm² 蓝色
39	Q0.6(管型端子)	DT7.7(ϕ3 叉型端子)	0.5mm² 蓝色
40	Q0.7(管型端子)	DT7.8(ϕ3 叉型端子)	0.5mm² 蓝色
41	Q1.0(管型端子)	DT7.9(ϕ3 叉型端子)	0.5mm² 蓝色
42	Q1.1(管型端子)	DT7.10(ϕ3 叉型端子)	0.5mm² 蓝色
43	Q1.2(管型端子)	KA1(KA1 线圈 ϕ3 叉型端子)	0.5mm² 蓝色
44	Q1.3(管型端子)	KA2(KA2 线圈 ϕ3 叉型端子)	0.5mm² 蓝色
45	Q1.4(管型端子)	KA2(KA2 线圈 ϕ3 叉型端子)	0.5mm² 蓝色
46	Q1.5(管型端子)	KA2(KA2 线圈 ϕ3 叉型端子)	0.5mm² 蓝色
47	Q1.6(管型端子)	KA2(KA2 线圈 ϕ3 叉型端子)	0.5mm² 蓝色
48	Q1.7(管型端子)	KA2(KA2 线圈 ϕ3 叉型端子)	0.5mm² 蓝色

6. DSP 控制单元和接口单元

DSP 控制单元和接口单元由核心板、接口底板和信号处理板组成，用于采集光伏组件输出信息、蓄电池工作状态信息，实现对蓄电池组的充、放电过程。

(1)接口低板

接口底板接线端示意图和 PCB 板图如图 2-1-11 所示，DSP 控制单元接线端口详见表 2-1-9。

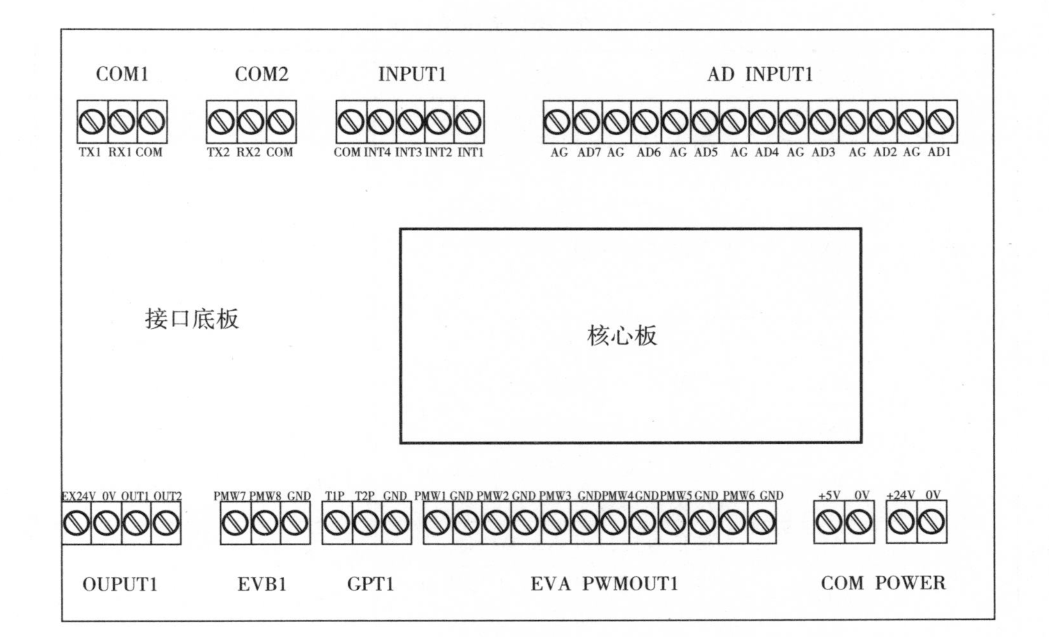

（a） DSP控制单元接线端示意图

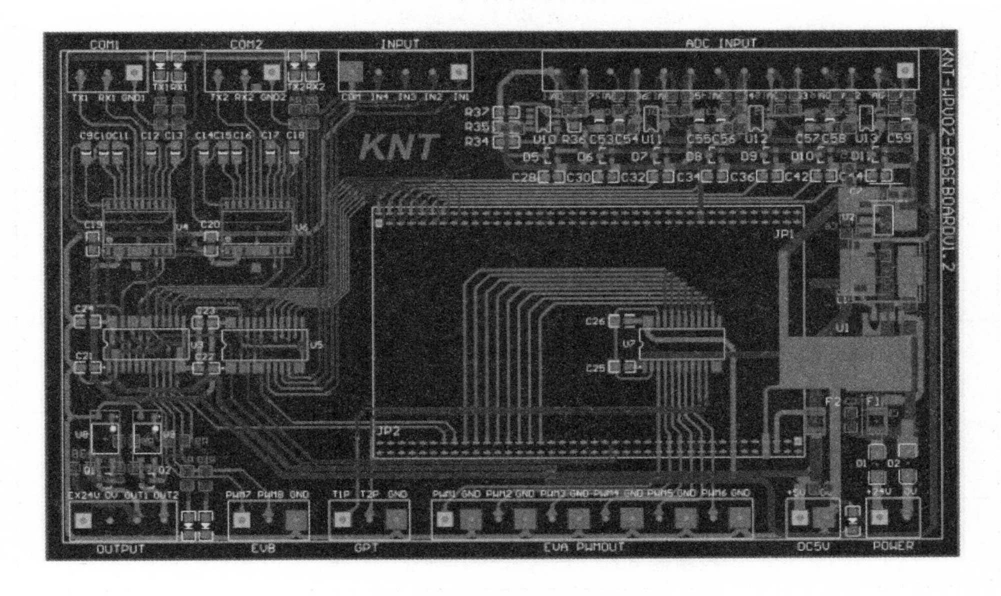

（b）DSP控制单元PCB

图 2－1－11　DSP 控制单元

表 2-1-9 接口底板接线端口

接线端	接线端端口	用途	标号	线型
POWER	+24V	输入 DC24V 电源	+24V	0.3mm² 红色
	0V		0V	0.3mm² 白色
COM1	TX1	与触摸屏通信	S1T	双芯屏蔽电缆
	RX1		S1R	双芯屏蔽电缆
	GND1		S1G	双芯屏蔽电缆
COM2	TX2	与监控一体机通信	C1A/C2A	双芯屏蔽电缆
	RX2		C1B/C2B	双芯屏蔽电缆
	GND2		C1G/C2G	双芯屏蔽电缆
ADC INPUT	AD1	接信号接口板 WS_V 光伏电池电压采样信号	AD1	0.3mm² 蓝色
	AG	接信号接口板 AG 模拟地	AG	0.3mm² 白色
	AD2	接信号接口板 WS_I 光伏电池放电电流采样信号	AD2	0.3mm² 蓝色
	AG	接信号接口板 AG 模拟地	AG	0.3mm² 白色
	AD3	接信号接口板 BAT_V 蓄电池电压采样信号	AD3	0.3mm² 蓝色
	AG	接信号接口板 AG 模拟地	AG	0.3mm² 白色
	AD4	接信号接口板 WS_I 蓄电池电池放电电流采样信号	AD4	0.3mm² 蓝色
	AG	接信号接口板 AG 模拟地	AG	0.3mm² 白色
	AD7	接风速仪正极	SP+	0.3mm² 蓝色
	AG	接风速仪负极	SP-	0.3mm² 白色
EVA PWMOUT	PWM1	接信号接口板 STA 充电状态输出指示灯	CHA	0.3mm² 蓝色
	PWM2	接信号接口板 SVP 蓄电池欠电压控制口	UV	0.3mm² 蓝色
GPT	T2P	接信号接口板 PWM 充电脉宽控制输出口	PWM	0.3mm² 蓝色

(2)信号处理板

信号处理板接线端示意图和 PCB 板图如图 2-1-12 所示，接口单元接线端口详见表 2-1-10。

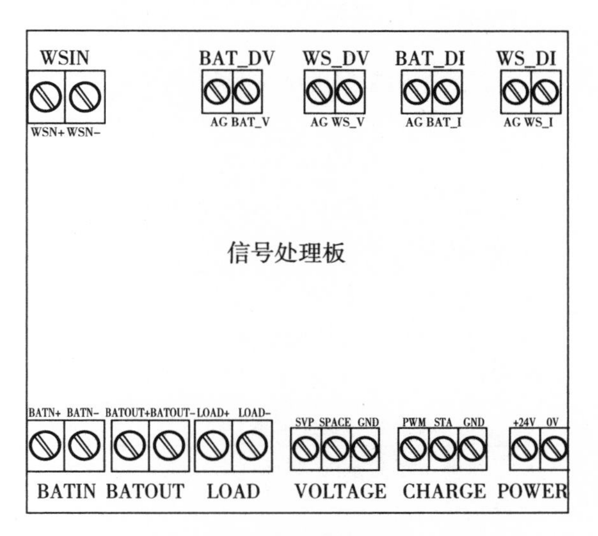

（a）接口单元接线端示意图

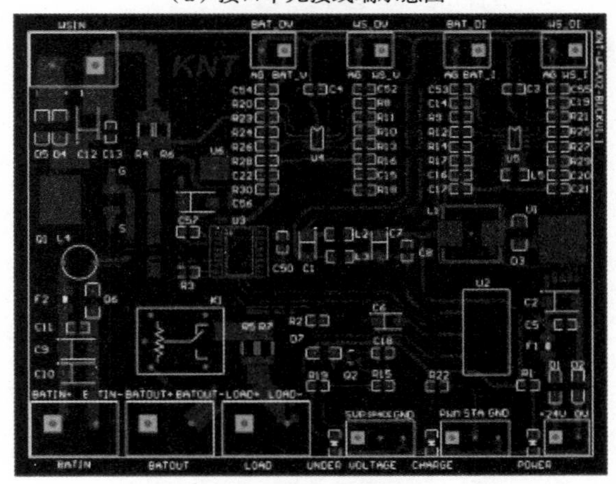

（b）接口单元PCB板图

图 2-1-12　接口单元

表 2-1-10　信号处理板接线端口

接线端	接线端端口	用　途	标号	线型
DC24V	+24V	输入 DC24V 电源	+24V	0.3mm^{2}红色
	0V		0V	0.3mm^{2}白色

（续表）

接线端	接线端端口	用　途	标号	线型
WS_DV	WS_V	接控制单元 AD1 光伏电池电压采样信号	AD1	0.3mm² 蓝色
	AG	接控制单元 AG 模拟地	AG	0.3mm² 白色
WS_DI	WS_I	接控制单元 AD1 光伏电池放电电流采样信号	AD2	0.3mm² 蓝色
	AG	接控制单元 AG 模拟地	AG	0.3mm² 白色
BAT_DV	BAT_V	接控制单元 AD3 蓄电池电压采样信号	AD3	0.3mm² 蓝色
	AG	接控制单元 AG 模拟地	AG	0.3mm² 白色
BAT_DI	BAT_I	接控制单元 AD3 蓄电池电压采样信号	AD4	0.3mm² 蓝色
	AG	接控制单元 AG 模拟地	AG	0.3mm² 白色
CHARGE	PWM	接控制单元 T2P 充电脉宽信号	PWM	0.3mm² 蓝色
	STA	接控制单元 PWM1 充电状态输出指示	CHA	0.3mm² 白色
UNDER VOLTAGE	SVP	接控制单元 PWM2 蓄电池欠电压控制信号	UV	0.3mm² 蓝色
WSIN	WSIN＋	光伏组件输出电压(＋)	SUN_V＋	0.3mm² 红色
	WSIN－	光伏组件输出电压(－)	SUN_V－	0.3mm² 黑色
BATIN	BATIN＋	蓄电池(＋)充电输入	BATIN＋	0.3mm² 红色
	BATIN－	蓄电池(－)充电输入	BATIN－	0.3mm² 白色
BATOUT	BATOUT＋	蓄电池(＋)输出	BATOUT＋	0.3mm² 红色
	BATOUT－	蓄电池(－)输出	BATOUT－	0.3mm² 黑色
LOAD	LOAD＋	负载(＋)	LOAD＋	0.3mm² 红色
	LOAD－	负载(－)	LOAD－	0.3mm² 黑色

7. 触摸屏、蓄电池组、可调电阻和接插座

(1)触摸屏

触摸屏用于显示光伏组件输出信息、蓄电池工作状态信息。

(2)蓄电池组

蓄电池组选用 2 节阀控密封式铅酸蓄电池，主要参数如下。

容量:12V 18Ah/20HR

重量:1.9kg

尺寸:345mm×195mm×20mm

蓄电池的充电过程及充电保护由DSP控制单元、接口单元及程序完成。

(3)可调电阻

可调电阻的阻值为1000Ω,功率为100W。主要作为光伏电池的负载,用于检测光伏电池的非线性输出特性,光伏电池的非线性输出特性检测电气原理图如图2-1-13所示,相关接线详见表2-1-11。

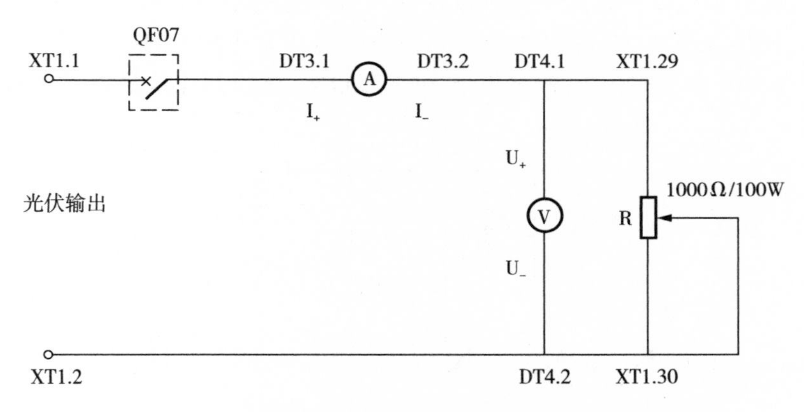

图2-1-13 光伏电池的非线性输出特性检测电气原理图

表2-1-11 光伏电池的非线性输出特性检测电路接线

序号	起始端位置	结束端位置	线型
1	XT1.1(光伏电池方阵输出U+,管型端子)	QF07输入(ϕ4叉型端子)	0.75mm^{2}红色
2	DT3.1(电流表I+,ϕ3叉型端子)	QF07输入(ϕ4叉型端子)	0.75mm^{2}红色
3	DT3.2(电流表I-,ϕ3叉型端子)	DT4.1(电压表U+,ϕ3叉型端子)	0.75mm^{2}红色
4	DT4.1(电压表U+,ϕ3叉型端子)	XT1.29(可调电阻,ϕ4圆型端子)	0.75mm^{2}白色
5	XT1.2(光伏电池方阵输出U-,管型端子)	DT4.2(电压表U+,ϕ3叉型端子)	0.75mm^{2}红色
6	DT4.2(电压表U-,ϕ3叉型端子)	XT1.30(可调电阻,ϕ4圆型端子)	0.75mm^{2}白色

(4)接插座

光伏供电装置和光伏供电系统之间的电气连接是由接插座完成。

① 接插座 CON1,定义为光伏组件输出接插座,有 2 个接线端口。

② 接插座 CON2、CON3 和 CON4,CON2 有 3 个接线端口、接插座 CON3 有 4 个接线端口、接插座 CON4 有 5 个接线端口。接插座 CON2、CON3 和 CON4 的作用已在本书“光伏供电主电路”中的“光伏供电主电路电气原理”中作了介绍。

③ 接插座 CON5,定义为摆杆限位接插座,有 7 个接线端口,如图 2-1-14 所示。垂直限位接近开关是用于提供摆杆的垂直位置的信号,通过 CON5 连接到光伏供电系统接线排的 XT1.12 端口。东西向微动开关和西东向微动开关是用于保护,提供摆杆的东、西限位的位置信号,通过 CON5 连接到光伏供电系统接线排的 XT1.13 和 XT1.14 端口。

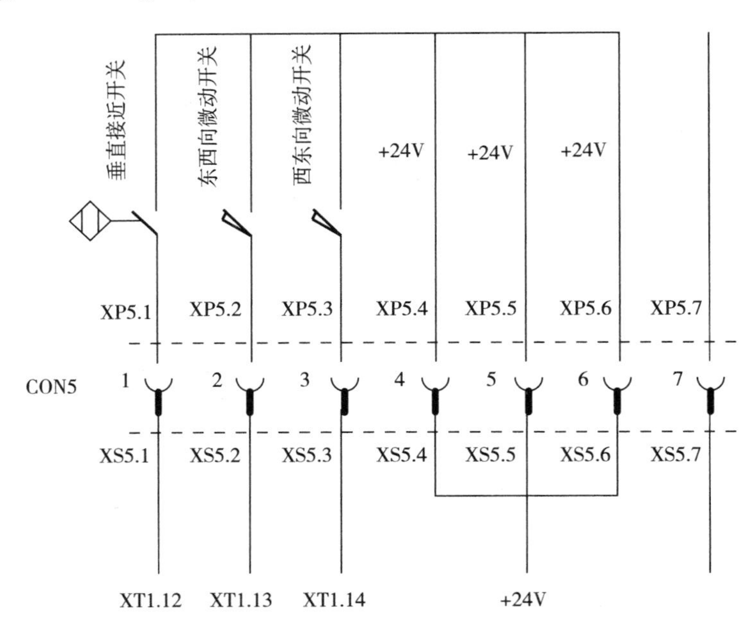

图 2-1-14 CON5 摆杆限位接插座图

④ 接插座 CON6,定义为光线传感器接插座,有 8 个接线端口,如图 2-1-15 所示。光线传感器中的东向、西向、北向、南向光敏电阻接受到不同光照强度时,分别产生“高”或“低”的开关信号。通过 CON6 连接到接线排 XT1.15、XT1.16、XT1.17、XT1.18 端口,分别被 PLC 输入端 I2.2、I2.3、I2.4、I2.5 接收。CON6 的 1、2 端口连接到接线排+12V 电源,供给光线传感器控制盒中的继电器线圈。

⑤ 接插座 CON7,定义为光伏组件偏转限位接插座,有 6 个接线端口,如图 2-

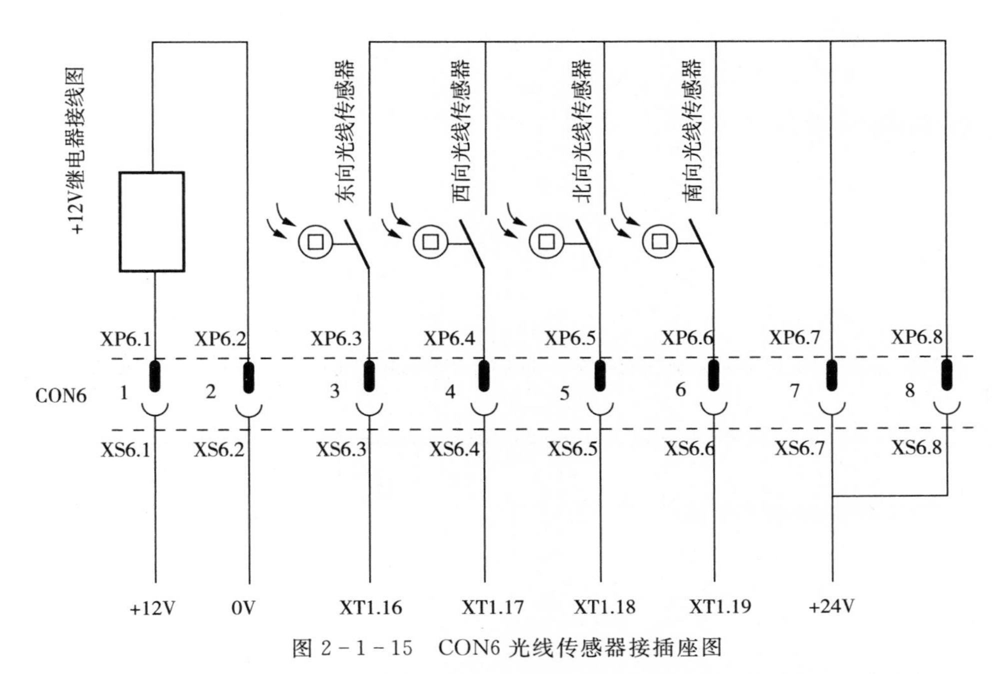

图 2-1-15　CON6 光线传感器接插座图

1-16 所示。东、西向限位接近开关、北向限位微动开关、南向限位微动开关安装在光伏供电装置的水平和俯仰方向运动机构中，用于光伏电池方阵的偏移限位，通过 CON7 与接线排 XT1.19、XT1.21、XT1.22 端口连接，分别被 PLC 输入端 I1.6、I2.0、I2.1 接收。

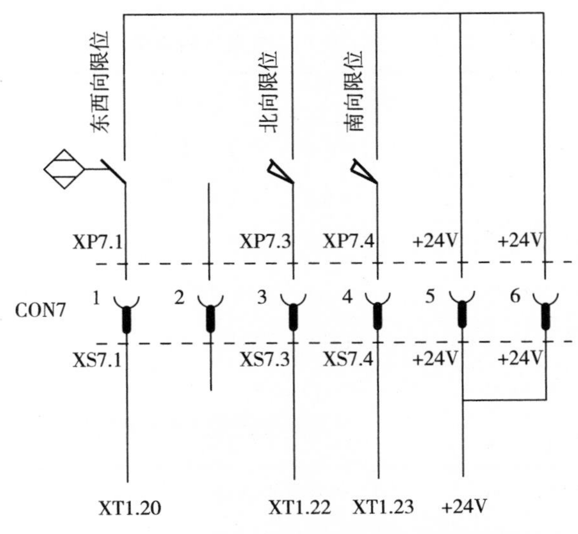

图 2-1-16　CON7 光伏组件偏转限位接插座图

8. 接线排

(1)接线排 XT1 的端口定义

光伏供电系统接线排 XT1 的端口定义如图 2-1-17 所示。

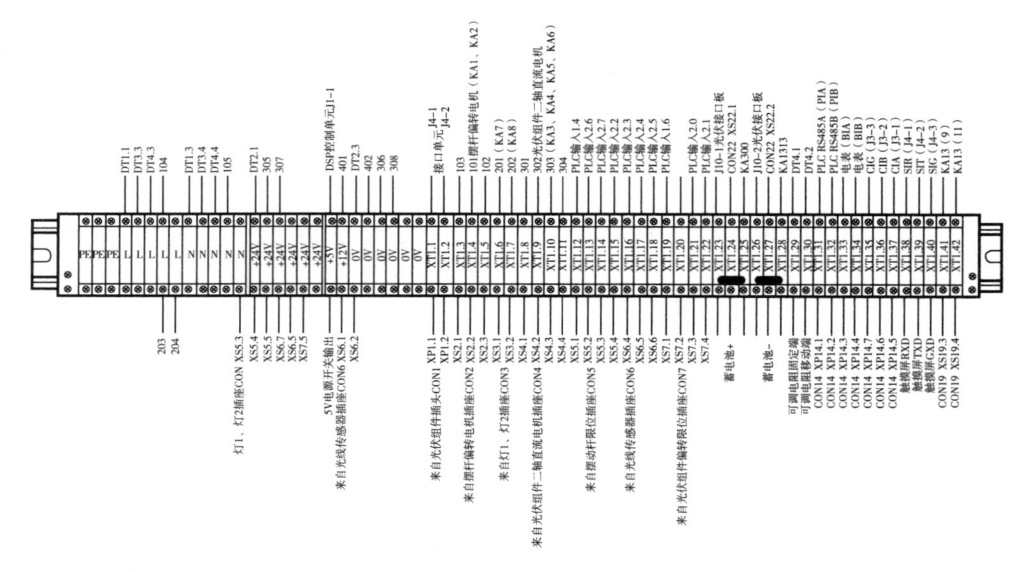

图 2-1-17 光伏供电系统接线排 XT1 端口定义图

(2)接线排 XT1 与光伏供电系统的接线

接线排 XT1 与光伏供电系统的接线详见表 2-1-12。

表 2-1-12 接线排 XT1 与光伏供电系统的接线

序号	起始端位置	结束端位置	线型
1	L(管型端子)	DT1.1(管型端子)	0.75mm² 红色
2	L(管型端子)	DT3.3(管型端子)	红色 0.5mm²
3	L(管型端子)	DT4.3(管型端子)	红色 0.5mm²
4	L(管型端子)	104(管型端子)	红色 0.5mm²
5	N(管型端子)	DT1.3(管型端子)	0.75mm² 黑色
6	N(管型端子)	DT3.4(管型端子)	0.5mm² 红色
7	N(管型端子)	DT4.4(管型端子)	0.5mm² 红色
8	N(管型端子)	105(管型端子)	0.5mm² 红色
9	+24V(管型端子)	DT2.1(管型端子)	1mm² 红色

（续表）

序号	起始端位置	结束端位置	线型
10	+24V(管型端子)	305(管型端子)	$1mm^2$红色
11	+24V(管型端子)	307(管型端子)	$1mm^2$红色
12	+5V(管型端子)	DSP控制J1-1(管型端子)	$1mm^2$红色
13	+12V(管型端子)	401(管型端子)	$0.5mm^2$红色
14	0V(管型端子)	DT2.3(管型端子)	$1mm^2$白色
15	0V(管型端子)	402(管型端子)	$0.5mm^2$白色
16	0V(管型端子)	306(管型端子)	$0.5mm^2$白色
17	0V(管型端子)	308(管型端子)	$0.5mm^2$白色
18	XT1.1(管型端子)	接口单元J4—1(管型端子)	$0.5mm^2$蓝色
19	XT1.2(管型端子)	接口单元J4—2(管型端子)	$0.5mm^2$蓝色
20	XT1.3(管型端子)	103(管型端子)	$0.75mm^2$蓝色
21	XT1.4(管型端子)	101(管型端子)	$0.75mm^2$蓝色
22	XT1.5(管型端子)	102(管型端子)	$0.75mm^2$蓝色
23	XT1.6(管型端子)	201(管型端子)	$1mm^2$蓝色
24	XT1.7(管型端子)	202(管型端子)	$1mm^2$蓝色
25	XT1.8(管型端子)	301(ϕ3叉形端子)	$0.5mm^2$蓝色
26	XT1.9(管型端子)	302(ϕ3叉形端子)	$0.5mm^2$蓝色
27	XT1.10(管型端子)	303(ϕ3叉形端子)	$0.5mm^2$蓝色
28	XT1.11(管型端子)	304(ϕ3叉形端子)	$0.5mm^2$蓝色
29	XT1.12(管型端子)	I1.4(管型端子)	$0.5mm^2$蓝色
30	XT1.13(管型端子)	I2.6(管型端子)	$0.5mm^2$蓝色
31	XT1.14(管型端子)	I2.7(管型端子)	$0.5mm^2$蓝色
32	XT1.15(管型端子)	I2.2(管型端子)	$0.5mm^2$蓝色
33	XT1.16(管型端子)	I2.3(管型端子)	$0.5mm^2$蓝色
34	XT1.17(管型端子)	I2.4(管型端子)	$0.5mm^2$蓝色
35	XT1.18(管型端子)	I2.5(管型端子)	$0.5mm^2$蓝色

（续表）

序号	起始端位置	结束端位置	线型
36	XT1.19(管型端子)	I2.6(管型端子)	0.5mm^{2}蓝色
37	XT1.21(管型端子)	I2.0(管型端子)	0.5mm^{2}蓝色
38	XT1.22(管型端子)	I2.1(管型端子)	0.5mm^{2}蓝色
39	XT1.23(管型端子)	接口单元 J10—1(管型端子)	0.5mm^{2}蓝色
40	XT1.24(管型端子)	XS22.1(管型端子)	0.5mm^{2}蓝色
41	XT1.25(管型端子)	KA13(1)(ϕ3 叉形端子)	0.5mm^{2}蓝色
42	XT1.26(管型端子)	接口单元 J10-2(管型端子)	0.5mm^{2}蓝色
43	XT1.27(管型端子)	XS22.1(管型端子)	0.5mm^{2}蓝色
44	XT1.28(管型端子)	KA13(3)(管型端子)	0.5mm^{2}蓝色
45	XT1.29(管型端子)	DT4.1(ϕ3 叉形端子)	0.5mm^{2}蓝色
46	XT1.30(管型端子)	DT4.2(ϕ3 叉形端子)	0.5mm^{2}蓝色

(3)接线排 XT1 与接插座的接线

接线排 XT1 与接插座的接线请见表 2-1-13。

表 2-1-13 接线排 XT1 与接插座的接线

序号	起始端位置	结束端位置	线型
1	XT1.1(管型端子)	XP1.1(CON1 插头、管型端子)	0.5mm^{2}蓝色
2	XT1.2(管型端子)	XP1.2(CON1 插头、管型端子)	0.5mm^{2}蓝色
3	XT1.3(管型端子)	XS2.1(CON1 插头、管型端子)	0.75mm^{2}蓝色
4	XT1.4(管型端子)	XS2.2(CON1 插头、管型端子)	07.5mm^{2}蓝色
5	XT1.5(管型端子)	XS2.3(CON1 插头、管型端子)	0.75mm^{2}蓝色
6	XT1.6(管型端子)	XS3.1(CON1 插头、管型端子)	1mm^{2}蓝色
7	XT1.7(管型端子)	XS3.2(CON1 插头、管型端子)	1mm^{2}蓝色
8	N(管型端子)	XS3.3(CON1 插头、管型端子)	1mm^{2}蓝色
9	XT1.8(管型端子)	XS4.1(CON1 插头、管型端子)	0.5mm^{2}蓝色
10	XT1.9(管型端子)	XS4.2(CON1 插头、管型端子)	0.5mm^{2}蓝色
11	XT1.10(管型端子)	XS4.3(CON1 插头、管型端子)	0.5mm^{2}蓝色

（续表）

序号	起始端位置	结束端位置	线型
12	XT1.11(管型端子)	XS4.4(CON1 插头、管型端子)	0.5mm² 蓝色
13	XT1.12(管型端子)	XS5.1(CON1 插头、管型端子)	0.5mm² 蓝色
14	XT1.13(管型端子)	XS5.2(CON1 插头、管型端子)	0.5mm² 蓝色
15	XT1.14(管型端子)	XS5.3(CON1 插头、管型端子)	0.5mm² 蓝色
16	+24(管型端子)	XS5.4(CON1 插头、管型端子)	0.5mm² 蓝色
17	+24(管型端子)	XS5.5(CON1 插头、管型端子)	0.5mm² 蓝色
18	XT1.15(管型端子)	XS6.3(CON1 插头、管型端子)	0.5mm² 蓝色
19	XT1.16(管型端子)	XS6.4(CON1 插头、管型端子)	0.5mm² 蓝色
20	XT1.17(管型端子)	XS6.5(CON1 插头、管型端子)	0.5mm² 蓝色
21	XT1.18(管型端子)	XS6.6(CON1 插头、管型端子)	0.5mm² 蓝色
22	+24(管型端子)	XS6.7(CON1 插头、管型端子)	0.5mm² 蓝色
23	+24(管型端子)	XS6.8(CON1 插头、管型端子)	0.5mm² 蓝色
24	+12(管型端子)	XS6.1(CON1 插头、管型端子)	0.5mm² 蓝色
25	0V(管型端子)	XS6.2(CON1 插头、管型端子)	0.5mm² 蓝色
26	XT1.19(管型端子)	XS7.1(CON1 插头、管型端子)	0.5mm² 蓝色
27	XT1.20(管型端子)	XS7.2(CON1 插头、管型端子)	0.5mm² 蓝色
28	XT1.21(管型端子)	XS7.3(CON1 插头、管型端子)	0.5mm² 蓝色
29	XT1.22(管型端子)	XS7.4(CON1 插头、管型端子)	0.5mm² 蓝色
30	+24(管型端子)	XS7.5(CON1 插头、管型端子)	0.5mm² 蓝色
31	XT1.24(管型端子)	XS22.1(CON1 插头、管型端子)	屏蔽电缆
32	XT1.27(管型端子)	XS22.2(CON1 插头、管型端子)	屏蔽电缆
33	XT1.31(管型端子)	XP14.1(CON1 插头、管型端子)	屏蔽电缆
34	XT1.32(管型端子)	XP14.2(CON1 插头、管型端子)	屏蔽电缆
35	XT1.33(管型端子)	XP14.3(CON1 插头、管型端子)	屏蔽电缆
36	XT1.34(管型端子)	XP14.4(CON1 插头、管型端子)	屏蔽电缆
37	XT1.35(管型端子)	XP14.5(CON1 插头、管型端子)	屏蔽电缆
38	XT1.36(管型端子)	XP14.6(CON1 插头、管型端子)	屏蔽电缆

（续表）

序号	起始端位置	结束端位置	线型
39	XT1.37(管型端子)	XP14.7(CON1 插头、管型端子)	屏蔽电缆
40	XT1.41(管型端子)	XS19.3(CON1 插头、管型端子)	屏蔽电缆
41	XT1.42(管型端子)	XS19.4(CON1 插头、管型端子)	屏蔽电缆

2.1.2 逆变与负载系统

逆变与负载系统主要由逆变电源控制单元、逆变输出显示单元、逆变器、逆变器参数检测模块、变频器、三相交流电机、发光管舞台灯光模块、警示灯、接线排、断路器、网孔架等组成，如图 2-1-18 所示。

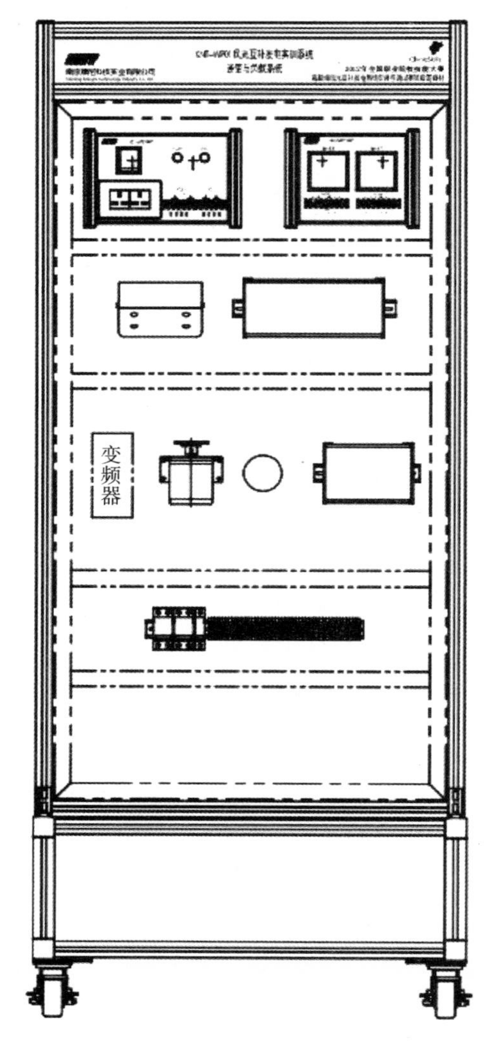

图 2-1-18 逆变与负载系统组成

一、逆变电源控制单元

1. 逆变电源控制单元面板

逆变电源控制单元面板如图 2-1-19 所示，逆变电源控制单元主要由断路器、＋24V 开关电源、AC220V 电源插座、指示灯、接线端 DT14 和 DT15 等组成。

接线端子 DT14.1、DT14.2 和 DT14.3、DT14.4 分别接入 AC220V 的 L 和 N。

接线端子 DT15.1、DT15.2 和 DT15.3、DT15.4 分别输出＋24V 和 0V。逆变电源控制单元的电气原理图和光伏电源控制单元的电气原理图相同。

2. 逆变电源控制单元接线

逆变电源控制单元接线详见表 2-1-14。

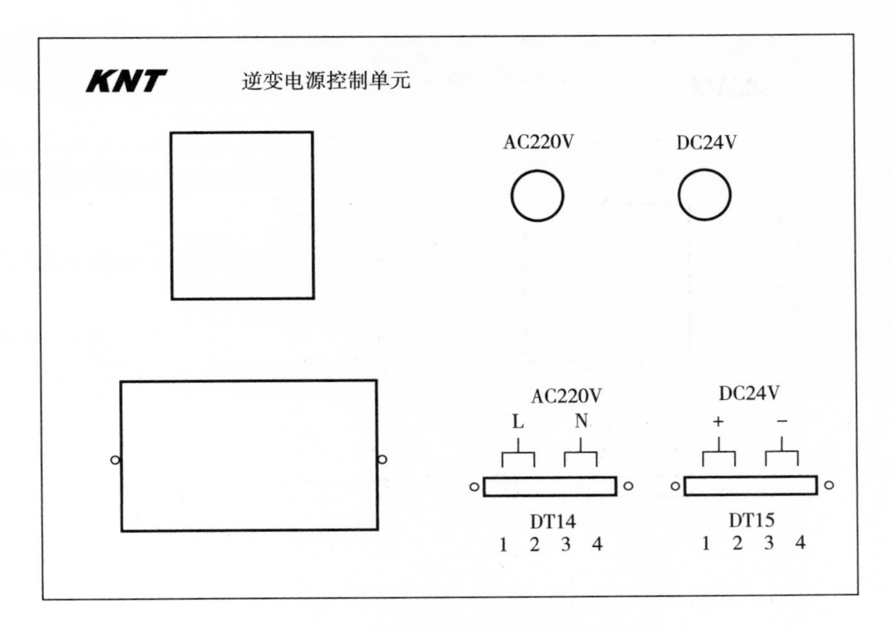

图 2-1-19　逆变电源控制单元面板

表 2-1-14　逆变电源控制单元接线

序号	起始端位置	结束端位置	线型
1	DT14.1、DT14.2(ϕ3 叉形端子)	接线排 L(管型端子)	0.75mm² 红色
2	DT14.3、DT14.4(ϕ3 叉形端子)	接线排 N(管型端子)	0.75mm² 黑色
3	DT15.1、DT15.2(ϕ3 叉形端子)	接线排 24V(管型端子)	0.75mm² 红色
4	DT15.3、DT15.4(ϕ3 叉形端子)	接线排 0V(管型端子)	0.75mm² 黑色

二、逆变输出显示单元

1. 逆变输出显示单元面板

逆变输出显示单元面板如图 2-1-20 所示，逆变输出显示单元主要由交流电流表、交流电压表、接线端 DT16 和 DT17 等组成。接线端子 DT16.3、DT16.4 和 DT17.3、DT17.4 分别接入逆变输出 AC220V 的 L 和 N。接线端子 DT16.5、DT16.6 和 DT17.5、DT17.6 分别是 RS485 通信端口。接线端子 DT16.1、DT16.2 和 DT17.1、DT17.2 分别用于测量和显示逆变器输出的交流电流和交流电压。

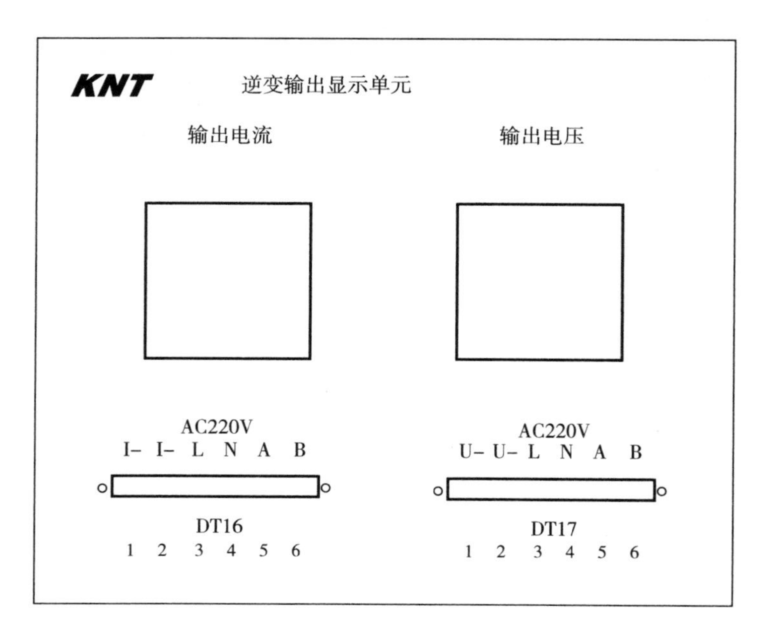

图 2-1-20　逆变输出显示单元面板

2. 逆变输出显示单元接线

逆变输出显示单元接线详见表 2-1-15。

表 2-1-15　逆变输出显示单元接线

序号	起始端位置	结束端位置	线型
1	DT16.3(ϕ3 叉形端子)	接线排 L(管型端子)	0.75mm² 红色
2	DT16.4(ϕ3 叉形端子)	接线排 N(管型端子)	0.75mm² 黑色
3	DT17.3(ϕ3 叉形端子)	接线排 L(管型端子)	0.75mm² 红色
4	DT17.4(ϕ3 叉形端子)	接线排 N(管型端子)	0.75mm² 黑色
5	DT16.1(ϕ3 叉形端子)	逆变器输出(ϕ3 叉形端子)	0.5mm² 蓝色
6	DT16.2(ϕ3 叉形端子)	接线排 L(管型端子)	0.5mm² 蓝色
7	DT17.1(ϕ3 叉形端子)	接线排 N(管型端子)	0.5mm² 蓝色
8	DT17.2(ϕ3 叉形端子)	接线排 N(管型端子)	0.5mm² 蓝色
9	DT16.5(ϕ3 叉形端子)	DT17.5(ϕ3 叉形端子)	0.5mm² 蓝色
10	DT16.6(ϕ3 叉形端子)	DT17.6(ϕ3 叉形端子)	0.5mm² 蓝色

（续表）

序号	起始端位置	结束端位置	线型
11	DT17.5（ϕ3 叉形端子）	XT3.14（管型端子）	屏蔽电缆
12	DT17.6（ϕ3 叉形端子）	XT3.14（管型端子）	屏蔽电缆

三、逆变与负载系统主电路

1. 主电路

逆变与负载系统主要由逆变器、交流调速系统、逆变器测试模块、发光管舞台灯光模块和警示灯组成，逆变与负载系统主电路电气原理如图 2－1－21 所示。

逆变器的输入由光伏发电系统、风力发电系统或蓄电池组提供，逆变器输出单相 220V、50Hz 的交流电源。交流调速系统由变频器和三相交流电动机组成，逆变器的输出 AC220V 电源是变频器的输入电源，变频器将单相 AC220V 变换为三相 AC220V 供三相交流电动机使用。逆变电源控制单元的 AC220V 电源由逆变器提供，逆变电源控制单元输出的 DC24V 供发光管舞台灯光模块使用。逆变器测试模块用于检测逆变器的死区、基波、SPWM 波形。

接插座 CON13 将 DC12V 电源供给逆变与负载系统使用。

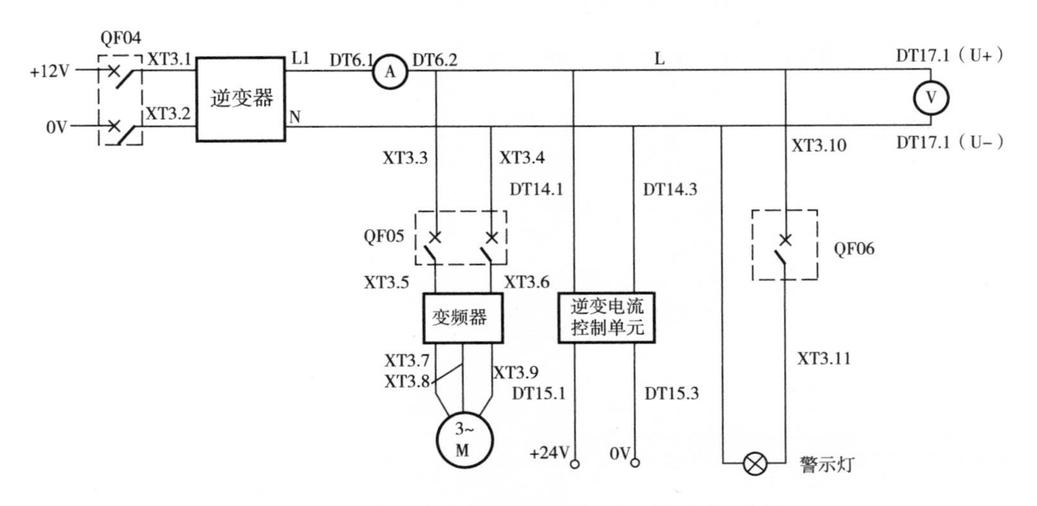

图 2－1－21　逆变与负载系统主电路电气原理图

2. 逆变器

逆变器是将低压直流电源变换成高压交流电源的装置，逆变器的种类很多，各自的具体工作原理、工作过程不尽相同。本实训装置使用的逆变器由 DC－DC 升压 PWM 控制芯片单元、驱动＋升压功率 MOS 管单元、升压变压器、SPWM 芯片单元、高压驱动芯片单元、全桥逆变功率MOS管单元、LC滤波器组成。

逆变器的主要技术参数如下。

输入电压:DC12V

输入电压范围:DC9.5V～15.5V

输出电压:AC220V±5%

额定输出电流:1.4A

输出频率:50Hz±0.5Hz

额定功率:300VA

输出波形:正弦波

波形失真:<5%

转换效率:>85%

3. 逆变控制单元结构

逆变控制单元是由DC-DC升压板、全桥逆变板、核心板和接口底板组成的。用于对蓄电池12V直流电源的升压逆变。

(1)DC-DC升压板

升压板的接线端示意图和PCB图如图2-1-22所示,DC-DC升压单元接线端口见表2-1-16。

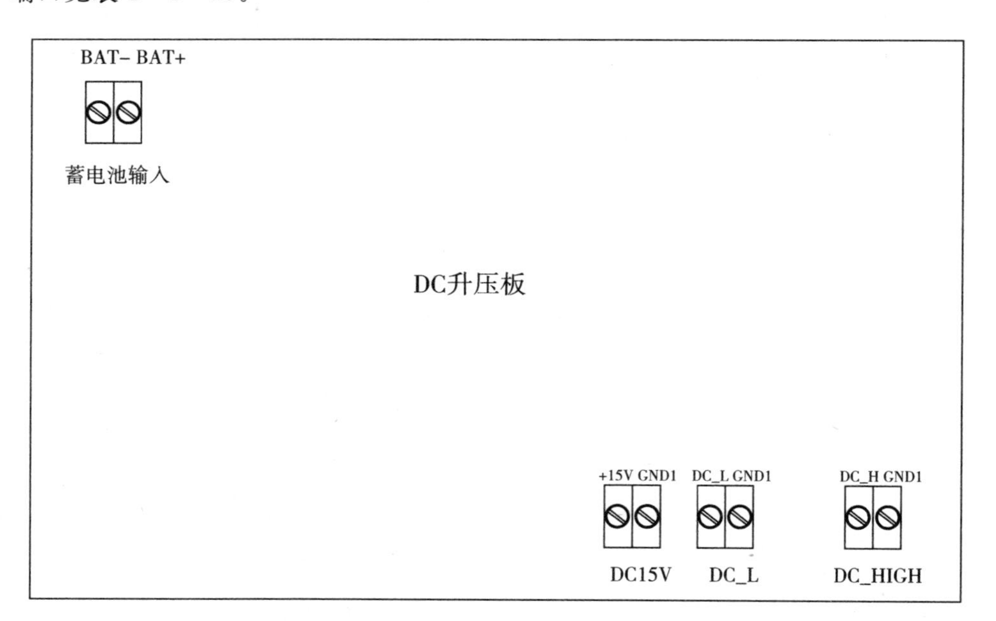

(a) DC-DC升压单元端子示意图

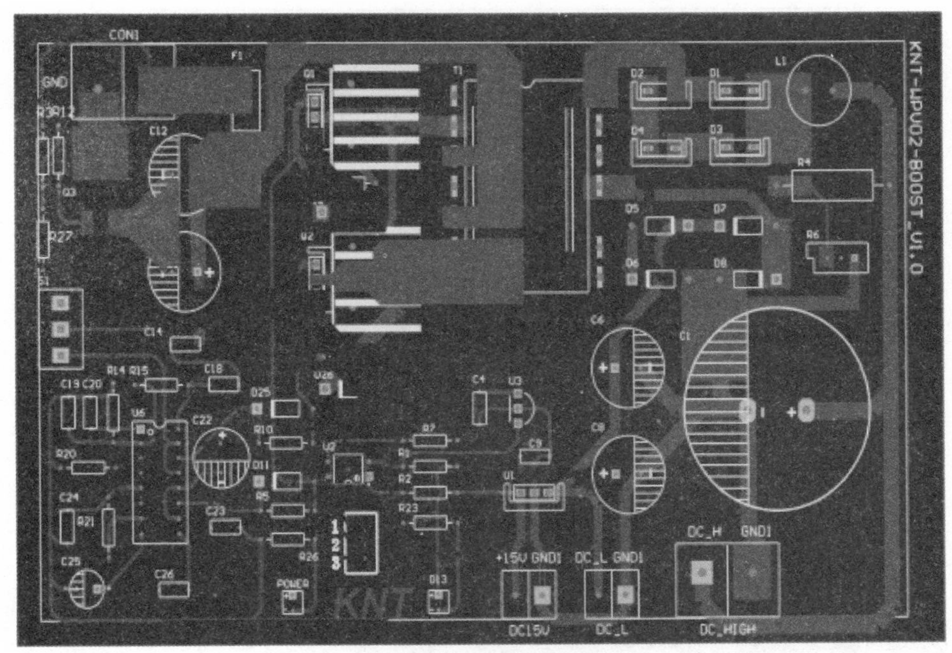

（b）DC-DC升压PCB图

图 2-1-22　DC-DC 升压电路

表 2-1-16　DC-DC 升压电路接线端口

接线端	接线端端口	用途	标号	线型
CON1	BAT＋	蓄电池输入	＋12V	0.25mm² 红色
	BAT－		0V	0.25mm² 黑色
DC15V	＋15V			
	GDN1			
DC_L	DC_L	变压器副边输出直流低压	DC_L	0.3mm² 红色
	GND1		GND1	0.3mm² 白色
DC_HIGH	DC_H	变压器副边输出直流高压	DC_H	0.75mm² 红色
	GND1		GND1	0.75mm² 白色

(2)全桥逆变板

全桥逆变板的接线端示意图和 PCB 图如图 2-1-23 所示，全桥逆变单元接线端口见表 2-1-17。

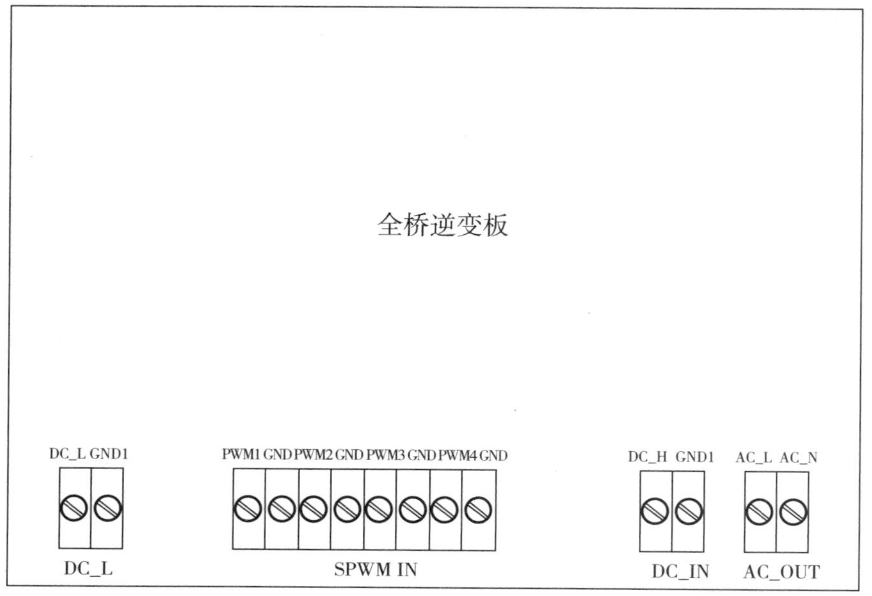

（a）全桥逆变单元端子示意图

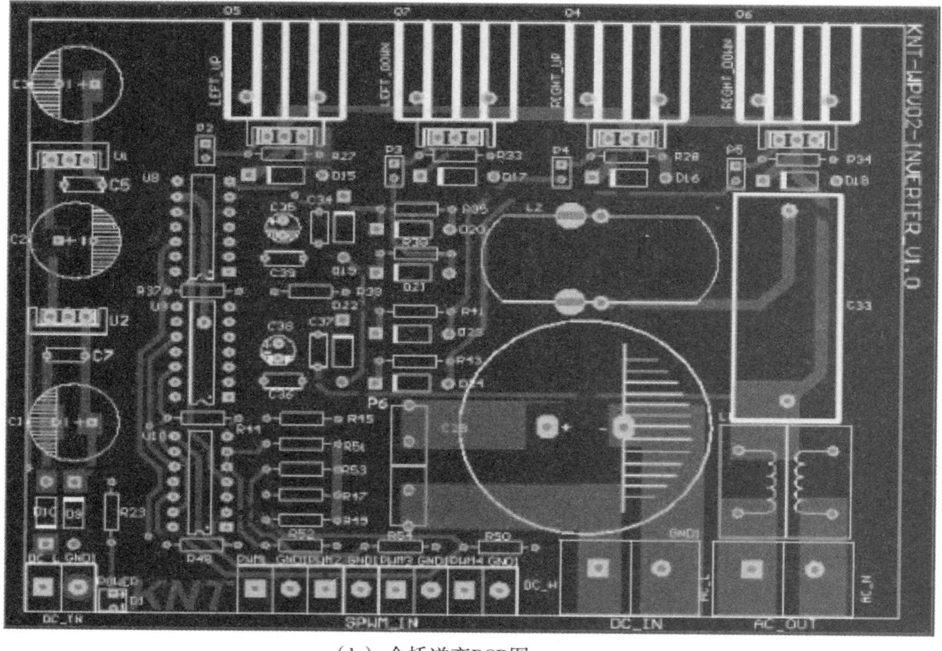

（b）全桥逆变PCB图

图 2-1-23　全桥逆变电路

表 2-1-17　全桥逆变电路接线端口

接线端	接线端端口	用途	标号	线型
DC_L	DC_L	为全桥逆变电路提供工作电源	DC_L	0.3mm² 红色
	GND1		GND1	0.3mm² 白色
SPWM_IN	SPWM1	H 桥左上桥驱动信号	SPWM1	0.3mm² 蓝色
	GND		GND	0.3mm² 白色
	SPWM2	H 桥左下桥驱动信号	SPWM2	0.3mm² 蓝色
	GND		GND	0.3mm² 白色
	SPWM3	H 桥右下桥驱动信号	SPWM3	0.3mm² 蓝色
	GND		GND	0.3mm² 白色
	SPWM4	H 桥右上桥驱动信号	SPWM4	0.3mm² 蓝色
	GND		GND	0.3mm² 白色
DC_IN	DC_H	直流高压输入	DC_H	0.3mm² 红色
	GND1		GND1	0.3mm² 蓝色
AC_OUT	AC_L	220V 交流输出	L	0.3mm² 红色
	AC_N		N	0.3mm² 蓝色

(3)接口底板

接口底板接线端示意图和 PCB 板图如图 2-1-24 所示，DSP 控制单元接线端口见表 2-1-18 所示。

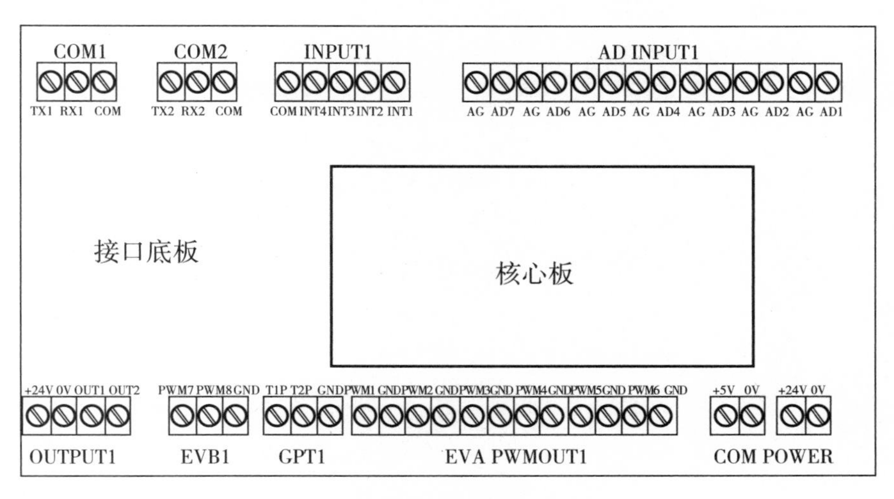

(a) DSP 控制单元接线端示意图

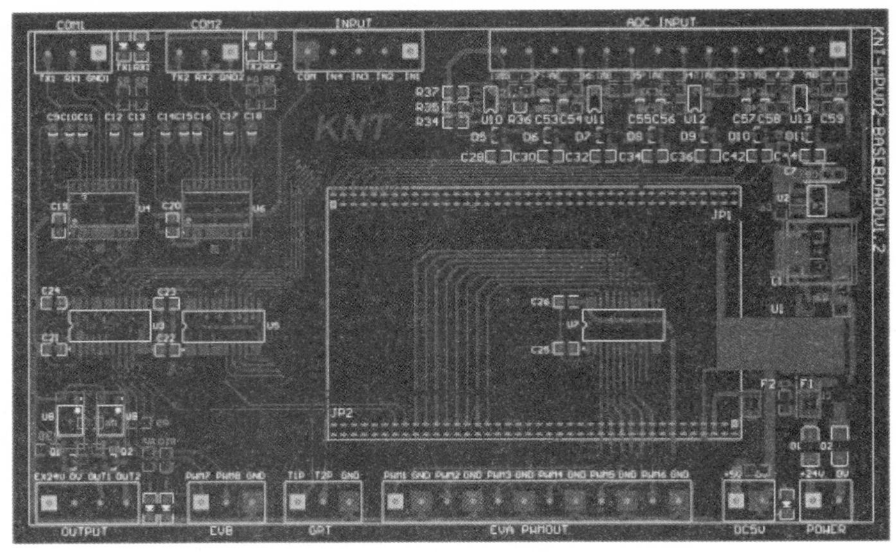

（b）DSP控制单元PCB板图

图 2-1-24　DSP 控制单元

表 2-1-18　接口底板电路接线端口

接线端	接线端端口	用途	标号	线型
COM2	TX2	与监控上位机通信	C3A	0.3mm² 双芯屏蔽电缆
	RX2		C3B	0.3mm² 双芯屏蔽电缆
	GND2		C3G	0.3mm² 双芯屏蔽电缆
EVA PWMOUT	PWM1	发出 H 桥左上桥驱动信号	PWM1	0.3mm² 蓝色
	GND		GND	0.3mm² 白色
	PWM2	发出 H 桥左下桥驱动信号	PWM2	0.3mm² 蓝色
	GND		GND	0.3mm² 白色
	PWM3	发出 H 桥右下桥驱动信号	PWM3	0.3mm² 蓝色
	GND		GND	0.3mm² 白色
	PWM4	发出 H 桥右上桥驱动信号	PWM4	0.3mm² 蓝色
	GND		GND	0.3mm² 白色
POWER	+24V	输入直流工作电源	+12V	0.3mm² 红色
	0V		0V	0.3mm² 白色

4. 接线排

(1)接线排 XT3 的端口定义

逆变与负载系统接线排 XT3 的端口定义图如图 2-1-25 所示。

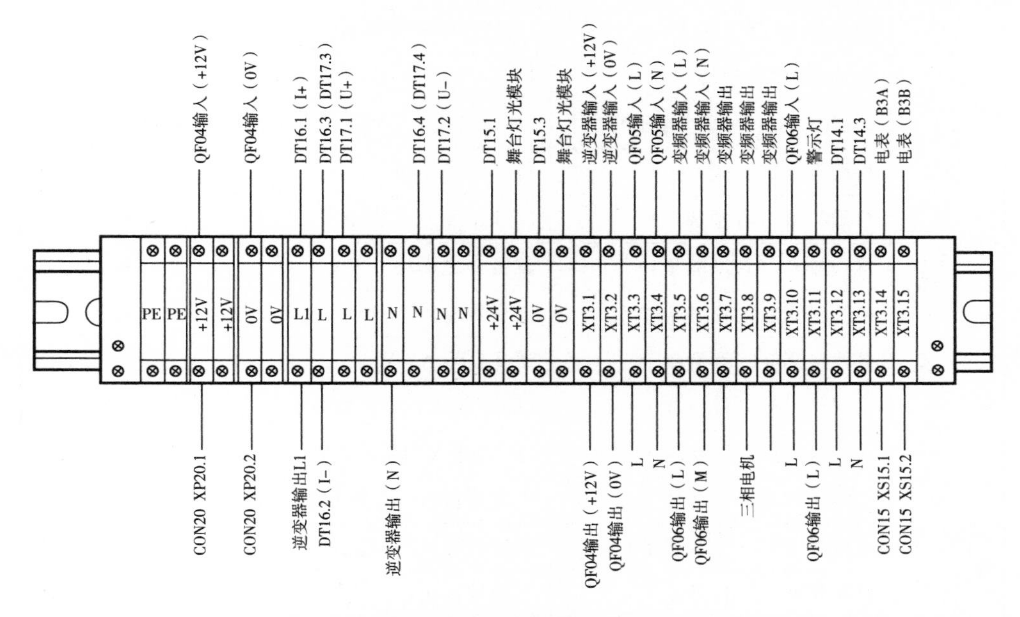

图 2-1-25　逆变与负载系统接线排 XT3 端口定义图

(2)接线排 XT3 与逆变与负载系统的接线

接线排 XT3 与逆变与负载系统的接线详见表 2-1-19。

表 2-1-19　接线排 XT3 与逆变与负载系统的接线

序号	起始端位置	结束端位置	线型
1	接线排+12V(管型端子)	QF04 输入(ϕ4 叉型端子)	2mm² 红色
2	接线排 0V(管型端子)	QF04 输入(ϕ4 叉型端子)	2mm² 白色
3	接线排 L1(管型端子)	逆变器输出	0.75mm² 蓝色
4	接线排 L1(管型端子)	DT16.1(I～)(ϕ3 叉型端子)	0.75mm² 蓝色
5	接线排 L(管型端子)	DT16.2(I～)(ϕ3 叉型端子)	0.75mm² 蓝色
6	接线排 L(管型端子)	DT16.3(ϕ3 叉型端子)	0.75mm² 蓝色
7	接线排 L(管型端子)	DT17.3(ϕ3 叉型端子)	0.75mm² 蓝色
8	接线排 L(管型端子)	DT17.1(U～)(ϕ3 叉型端子)	0.75mm² 蓝色

（续表）

序号	起始端位置	结束端位置	线型
9	接线排 N(管型端子)	DT16.4(ϕ3 叉型端子)	0.75mm² 蓝色
10	接线排 N(管型端子)	DT17.4(ϕ3 叉型端子)	0.75mm² 蓝色
11	接线排 N(管型端子)	DT17.2(U～)(ϕ3 叉型端子)	0.75mm² 蓝色
12	接线排＋24V(管型端子)	DT15.1(ϕ3 叉型端子)	0.75mm² 蓝色
13	接线排＋24V(管型端子)	舞台灯光模块	0.75mm² 蓝色
14	接线排 0V(管型端子)	DT15.2(ϕ3 叉型端子)	0.75mm² 蓝色
15	接线排 0V(管型端子)	舞台灯光模块	0.75mm² 蓝色
16	接线排 X3.1(管型端子)	逆变器输入＋12V	2mm² 红色
17	接线排 X3.2(管型端子)	逆变器输入 0V	2mm² 白色
18	接线排 X3.3(管型端子)	QF05 输入(ϕ4 叉型端子)	0.75mm² 蓝色
19	接线排 X3.4(管型端子)	QF05 输入(ϕ4 叉型端子)	0.75mm² 蓝色
20	接线排 X3.5(管型端子)	变频器输入(ϕ4 叉型端子)	0.75mm² 蓝色
21	接线排 X3.6(管型端子)	变频器输入(ϕ4 叉型端子)	0.75mm² 蓝色
22	接线排 X3.7(管型端子)	变频器输出(ϕ4 叉型端子)	0.75mm² 蓝色
23	接线排 X3.8(管型端子)	变频器输出(ϕ4 叉型端子)	0.75mm² 蓝色
24	接线排 X3.9(管型端子)	变频器输出(ϕ4 叉型端子)	0.75mm² 蓝色
25	接线排 X3.10(管型端子)	QF06 输入(ϕ4 叉型端子)	0.75mm² 蓝色
26	接线排 X3.11(管型端子)	警示灯	0.75mm² 蓝色
27	接线排 X3.12(管型端子)	DT14.1(ϕ3 叉型端子)	0.75mm² 蓝色
28	接线排 X3.13(管型端子)	DT14.3(ϕ3 叉型端子)	0.75mm² 蓝色
29	接线排 X3.14(管型端子)	电表(B3A)	屏蔽电缆
30	接线排 X3.15(管型端子)	电表(B3B)	屏蔽电缆

(3)接线排 XT3 与接插座 CON13 的接线

接线排 XT3 与接插座 CON13 的接线详见表 2-1-20。

表 2-1-20　接线排 XT3 与接插座 CON13 的接线

序号	起始端位置	结束端位置	线型
1	接线排＋12V(管型端子)	XP20.1(ϕ3 叉型端子)	2mm² 红色

（续表）

序号	起始端位置	结束端位置	线型
2	接线排 0V(管型端子)	XP20.2(ϕ3 叉型端子)	2mm^{2}白色
3	XS15.1(管型端子)	XS15.1(管型端子)	屏蔽电缆
4	XS15.2(管型端子)	XS15.2(管型端子)	屏蔽电缆

第二章　风光互补发电系统实训

2.2.1　光伏电池方阵的安装

一、实训的目的和要求

1. 实训目的

(1)了解单晶硅光伏电池单体的工作原理。

(2)掌握光伏电池方阵的安装方法。

2. 实训要求

(1)在室外自然光照的情况下,用万用表测量光伏电池组件的开路电压,了解光伏电池的输出电压值。

(2)在室外自然光照条件下和在室内灯光的情况下,用万用表测量光伏电池方阵的开路电压,分析光伏电池方阵在室内、室外光照条件下开路电压区别的原因。

二、基本原理

光伏电池是半导体 PN 结接受太阳光照产生光生电势效应,将光能变换为电能的变换器。当太阳光照射到具有 PN 结的半导体表面,P 区和 N 区中的价电子受到太阳光子的冲击,获得能量摆脱共价键的束缚产生电子和空穴多数载流子和少数载流子,被太阳光子激发产生的电子和空穴多数载流子在半导体中复合,不呈现导电作用。在 PN 结附近 P 区被太阳光子激发产生的电子少数载流子受漂移作用到达 N 区,同样,PN 结附近 N 区被太阳光子激发产生的空穴少数载流子受漂移作用到达 P 区,少数载流子漂移对外形成与 PN 结电场方向相反的光生电场,如果接入负载,N 区的电子通过外电路负载流向 P 区形成电子流,进入 P 区后与空穴复合。我们知道,电子流动方向与电流流动方向是相反的,光伏电池接入负载后,电流是从电池的 P 区流出,经过负载流入 N 区回到电池。

光伏电池单体是光电转换最小的单元,尺寸为 4～100cm^2 不等。光伏电池单体的工作电压约为0.5V,工作电流约为20～25mA/cm²。光伏电池单体不能单独作为光伏电源使用,将光伏电池单体进行串、并联封装后,构成光伏电池组件,其功率一般为几瓦至几十瓦,是单独作为光伏电源使用的最小单元。光伏电池组件的光伏电池的标准数量是36片(10cm×10cm),能产生17V左右的电压,能为额定电压为12V的蓄电池进行有效充电。图2-2-1是标准的光伏电池组件。光伏电池组件经过串、并联组合安装在支架上,构成光伏电池方阵,可以满足光伏发电系统负载所要求的输出功率。

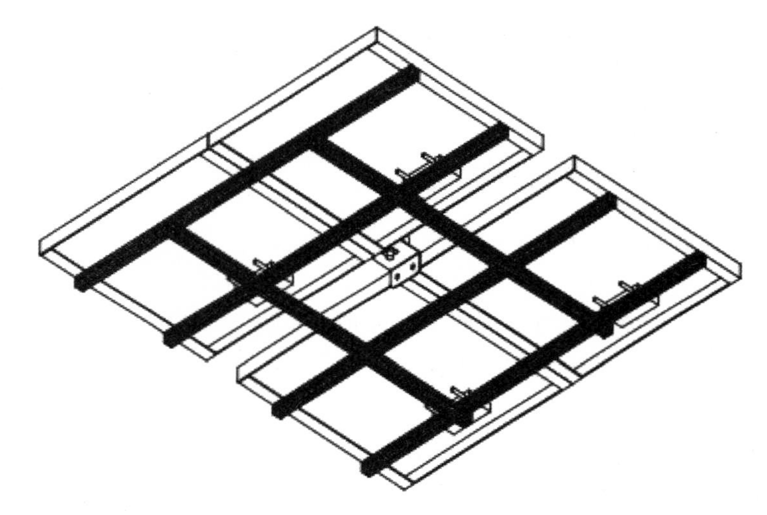

图2-2-1 光伏电池组件安装成光伏电池方阵示意图

三、实训内容

(1)在室外自然光照的情况下,用万用表测量光伏电池组件的开路电压,计算光伏电池单体的工作电压。

(2)将4块单晶硅光伏电池组件安装在铝型材支架上,光伏电池组件并联连接。在室内外光照的情况下,用万用表测量光伏电池方阵的开路电压。

(3)将4块单晶硅光伏电池组件2串2并联连接,在室内外光照的情况下,用万用表测量光伏电池方阵的开路电压。

四、操作步骤

1. 使用的器材和工具

(1)光伏电池组件。数量:4块。

(2)铝型材。型号:XC-6-2020;数量:4根;长度:860mm。

(3)铝型材。型号:XC-6-2020;数量:2根;长度:760mm。

(4)万用表。数量:1块。

(5)内六角扳手。数量:1 套。十字型螺丝刀和一字型螺丝刀;数量:各 1 把。

(6)螺丝、螺母若干。

2. 操作步骤

(1)用万用表测量光伏电池组件上的光伏电池的连接导线,了解光伏电池实现组件的封装。

(2)将 1 块光伏电池组件移至室外,让光伏电池组件正对着自然光线。用万用表直流电压挡的合适量程测量单晶硅光伏电池组件的开路电压,记录开路电压数值。统计光伏电池组件上光伏电池单体的数量,计算光伏电池单体的工作电压。

(3)将 4 块光伏电池组件安装在铝型材支架上,形成光伏电池方阵,如图 2-2-1所示。要求光伏电池方阵排列整齐,紧固件不松动,4 块光伏电池组件引出线进行并联连接。

将安装好的光伏电池方阵移至室外,让光伏电池方阵正对着自然光线。用万用表直流电压挡的合适量程测量光伏电池方阵的开路电压,记录开路电压数值。将安装好的光伏电池方阵移至室内,让光伏电池方阵正对着室内灯光。用万用表直流电压档的合适量程测量光伏电池方阵的开路电压,记录开路电压数值。

(4)4 块光伏电池组件引出线进行 2 串 2 并联接,移至室外。让光伏电池方阵正对着自然光线。用万用表直流电压挡的合适量程测量光伏电池方阵的开路电压,记录开路电压数值。将 2 串 2 并联接的光伏电池方阵移至室内,正对着室内灯光。用万用表直流电压档的合适量程测量光伏电池方阵的开路电压,记录开路电压数值。

五、小结

(1)光伏电池单体是光电转换最小的单元,工作电压约为 0.5V,不能单独作为光伏电源使用。将光伏电池单体进行串、并联封装构成光伏电池组件,是单独作为光伏电源使用的最小单元。实际工程中是将光伏电池组件经过串、并联组合,构成了光伏电池方阵,以满足不同的负载需要。

(2)将光伏电池组件安置在室外自然光线下测量开路电压,计算出的光伏电池单体工作电压比较接近实际值。

(3)光伏电池组件在室内、室外的开路电压有明显的差异,表明光伏电池组件在较强的光照度下,能够提供较大的电能。

(4)为了使得光伏电池组件提供较大的电能,方法之一是采用光伏电池组件跟踪光源。

2.2.2 光伏供电装置组装

一、实训的目的和要求

1. 实训目的

(1)了解光伏供电装置的组成。

(2)理解水平和俯仰方向运动机构的结构。

2. 实训要求

(1)组装光伏供电装置。

(2)根据光伏供电系统主电路电气原理图和接插座图,将电源线、信号线和控制线接在相应的接插座中。

二、基本原理

光伏供电装置主要由光伏电池组件、投射灯、光线传感器、光线传感器控制盒、摆杆支架、摆杆减速箱、单相交流电动机、电容器、水平方向和俯仰方向运动机构、水平运动和俯仰运动直流电动机、接近开关、微动开关、底座支架等设备与器件组成。

1. 水平方向和俯仰方向运动机构

水平方向和俯仰方向运动机构如图 2-2-2 所示,水平方向和俯仰方向运动机构中有两个减速箱,一个是水平方向运动减速箱,另一个是俯仰方向运动减速箱,这两个减速箱的减速比为 1∶80,分别由水平运动和俯仰运动直流电动机通过传动链条驱动。光伏电池方阵安装在水平方向和俯仰方向运动机构上方,如图 2-2-2 所示,当水平方向和俯仰方向运动机构运动时,带动光伏电池方阵做水平方向偏转移动和俯仰方向偏转移动。

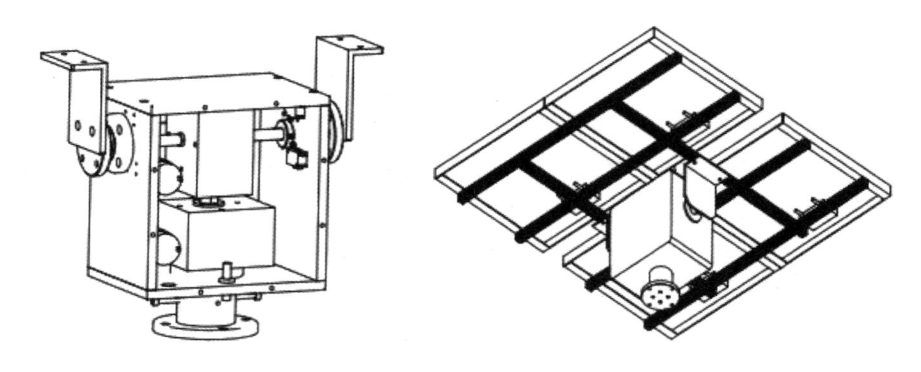

图 2-2-2 光伏电池方阵与水平方向和俯仰方向运动机构

2. 光源移动机构

摆杆支架安装在摆杆减速箱的输出轴上，摆杆减速箱的减速比为 1∶3000，摆杆减速箱由单相交流电动机驱动，摆杆支架上方安装 2 盏 300W 的投射灯，组成如图 2-2-3 所示的光源移动机构。当交流电动机旋转时，投射灯随摆杆支架做圆周移动，实现投射灯光源的连续运动。

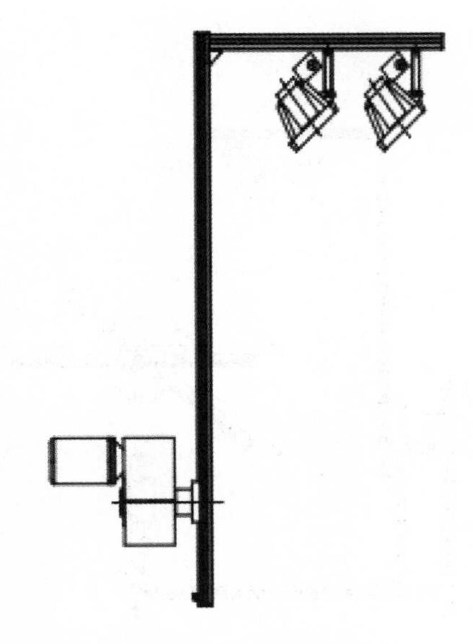

图 2-2-3　光源移动机构

3. 光线传感器

光线传感器安装在光伏电池方阵中央，用于获取不同位置的投射灯的光照强度，光线传感器通过光线传感控制盒，将东、西、北、南方向的投射灯的光强信号转换成开关量信号传输给光伏供电系统的 PLC，由 PLC 进行相应的控制。

4. 光伏供电装置结构

水平方向和俯仰方向运动机构、光源移动机构分别安装在底座支架上，组成光伏供电装置。图 2-2-4 是光伏供电装置底座支架示意图，图 2-2-5 是光伏供电装置示意图。图 2-2-6 和图 2-2-7 分别是光伏电池方阵偏转移动示意图和投射灯光源连续运动示意图。

图 2-2-4　光伏供电装置底座支架示意图

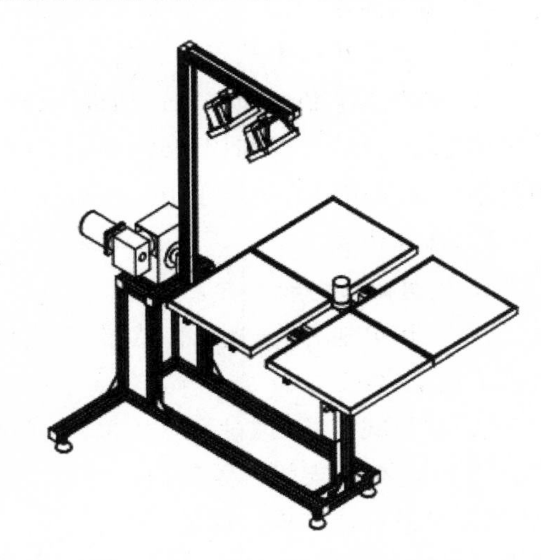

图 2-2-5　光伏供电装置示意图

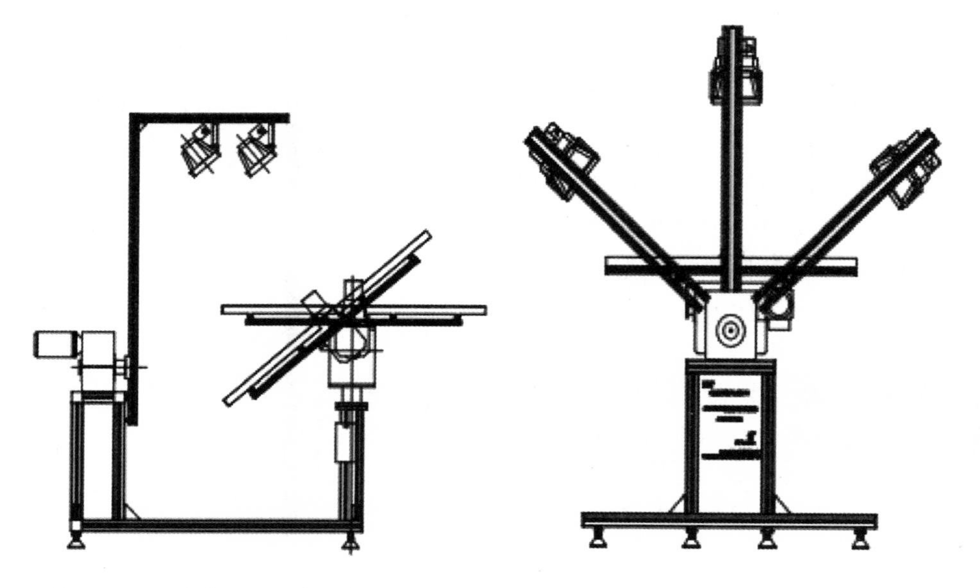

图 2-2-6　光伏电池方阵偏转移动示意图　　　图 2-2-7　投射灯光源连续运动示意图

5. 接近开关和微动开关

水平方向和俯仰方向运动机构中装有接近开关和微动开关，用于提供光伏电池方阵做水平偏转和俯仰偏转的极限位置信号。与光源移动机构连接的底座支架部分装有接近开关和微动开关，微动开关用于限位，接近开关用于提供午日位置信号。

三、实训内容

(1)完成光伏供电装置的组装。

(2)整理水平和俯仰方向运动机构、投射灯、单相交流电动机、接近开关和微动开关的电源线、信号线和控制线，根据 CON1～CON7 接插座图，将电源线、信号线和控制线接在相应的接插座中。

四、操作步骤

1. 使用的器材和工具

(1)光伏电池方阵、光线传感器、光线传感器控制盒、水平方向和俯仰方向运动机构。数量：各 1 个。

(2)摆杆减速箱，减速比 1∶3000；单相交流电动机，AC220V/90W；电容器，47μF/450V；摆杆支架。数量：各 1 个。

(3)投射灯，300W。数量：2 个。

(4)接近开关。数量：2 个。

(5)微动开关。数量：4 个。

(6)底座支架。数量:1 个。

(7)接插座。数量:7 个、

(8)万用表。数量:1 块。

(9)电烙铁,热风枪。数量:各 1 把。

(10)螺丝、螺母若干。

(11)连接线、热缩管若干。

2. 操作步骤

(1)将光线传感器安装在光伏电池方阵中央,然后将光伏电池方阵安装在水平方向和俯仰方向运动机构的支架上,再将光线传感控制盒装在底座支架上,要求紧固件不松动。将水平方向和俯仰方向运动机构中的两个直流电动机分别接+24V 电源,光伏电池方阵匀速做水平方向或俯仰方向的偏移运动。

(2)将摆杆支架安装在摆杆减速箱的输出轴,然后将摆杆减速箱固定在底座支架上,再将 2 盏投射灯安装在摆杆支架上方的支架上,要求紧固件不松动。

(3)根据光伏供电主电路电气原理图和接插座图,焊接水平方向和俯仰方向运动机构、单相交流电动机、电容器、投射灯、光线传感器、光线传感控制盒、电容器、接近开关和微动开关的引出线,引出线的焊接要光滑、可靠,焊接端口使用热缩管绝缘。

(4)整理上述焊接好的引出线,将电源线、信号线和控制线接在相应的接插座中,接插座端的引出线使用管型端子和接线标号。

五、小结

(1)光伏供电装置是风光互补发电实训系统将光能转换为电能的基本装置,该装置有几个重要组成部分:光源移动机构、光线传感器和光线传感器控制盒、水平方向和俯仰方向运动机构。光源移动机构的功能是使光源连续移动,模拟日光的运动轨迹。光线传感器采集光源的光强度,通过光线传感器控制盒将不同位置的光强信号传输给光伏供电系统。光伏供电系统中的 PLC 接受光强信号后,控制水平方向和俯仰方向运动机构中的直流电动机旋转,使得光伏电池方阵对准光源以获取最大的光电转换效率。

(2)接近开关和微动开关是光伏供电装置中不可缺少的器件,这些器件用于确定光源移动机构和光伏电池方阵在移动中的位置,起到定位和保护作用。

(3)光伏供电装置各部分的动作是由光伏供电系统来控制完成。

2.2.3　光伏供电系统接线

一、实训的目的和要求

1. 实训目的

(1)通过对光伏供电系统,即光伏电源控制单元、光伏输出显示单元、光伏供电控制单元、光伏供电主电路和 S7－200CPU226 PLC 的接线，对光伏供电系统的电气线路连接加深理解。

（2）通过该部分的实认识和训理解光伏供电系统的组成。

2. 实训要求

（1）先将光伏电源控制单元、光伏输出显示单元、光伏供电控制单元、光伏供电主电路和 S7－200CPU226 PLC 的原有接线全部拆除。

（2）选择合理的线径和颜色进行接线，接线要有标号，叉型端子和管型端子处不露铜。

（3）接线要牢固，黄绿色线作为接地线。

二、基本原理

该实训的基本原理，即各点之间的电气连接，可参阅 2.1.1 节中有关光伏供电系统的内容。

三、实训内容

（1）光伏电源控制单元的接线。

（2）光伏输出显示单元的接线。

（3）光伏供电控制单元的接线。

（4）光伏供电主电路接线。

（5）PLC 的接线。

四、操作步骤

1. 使用的器材和工具

（1）光伏电源控制单元。数量：1 个。

（2）光伏输出显示单元。数量：1 个。

（3）光伏供电控制单元。数量：1 个。

（4）S7－200 CPU226 PLC，24 个输入、16 个继电器输出。数量：1 个。

（5）万用表。数量：1 块。

（6）十字型螺丝刀和一字型螺丝刀。数量：各 1 把。

（7）套管打码机。数量：1 台。

（8）叉型端子、管型端子、接线、套管若干。

2. 操作步骤

建议按下面的顺序接线：

（1）光伏电源控制单元的接线。共有 4 根线，线径、颜色、起始端和结束端可参阅表 2－1－2。

（2）光伏输出显示单元的接线。共有 12 根线，线径、颜色、起始端和结束端可参阅表 2－1－3。

(3)光伏供电控制单元的接线。共有 24 根线,线径、颜色、起始端和结束端可参阅表 2－1－5。

(4)光伏供电主电路的接线。共有 21 根线,线径、颜色、起始端和结束端可参阅表 2－1－6。

(5)S7－200CPU226 PLC 的接线。共有 48 根线,线径、颜色、起始端和结束端可参阅表 2－1－8。

接线完毕后,用万用表检测是否有短路或断路,接线工艺是否符合要求。

五、小结

(1)设备的接线是设备正常运行的前提,是很重要的一步。

(2)设备的接线都有其工艺要求,比如线径、线型、颜色、接线端子的选用、标号、布线方式和路径等。

(3)对光伏供电系统进行的接线,有助于对光伏供电系统的理解。

2.2.4　光线传感器

一、实训的目的和要求

1. 实训目的

(1)对光敏电阻、电压比较器和晶体管的工作特性进行学习和理解。

(2)学习和掌握光纤传感器的工作原理。

2. 实训要求

熟悉光线传感器中的各引线定义,以及连接器 CON6 各端口电气特性,并对光纤传感器进行正确的操作。

二、基本原理

光线传感器的电路原理图如图 2－2－8 所示。IC1a 和 IC1b 是电压比较器。电阻 R_3和电阻 R_4对 24V 的回路进行分压,用于给电压比较器 IC1a 和 IC1b 的反相输入端提供固定的电位。R_{G1}和 R_{G2}是光敏电阻,在无光照或暗光时,其阻值较大。

R_{G1}、R_{p1}和 R_1,对 24V 的回路进行分压,用于给电压比较器 IC1a 的同向输入端提供电位;R_{G2}、R_{p2}和 R_2,对 24V 的回路进行分压,用于给电压比较器 IC1a 的同向输入端提供电位。KA1 和 KA2 是继电器。VT_1和 VT_2是晶体三极管。VD1 和 VD2 是二极管,其作用是继电器 KA1 和 KA2 断开时,泻放晶体管集电极电流。

将光敏电阻 R_{G1}和光敏电阻 R_{G2}安装在透光的深色有机玻璃罩中,光敏电阻 R_{G1}和光敏电阻 R_{G2}在罩中用不透光的隔板分开。以光敏电阻 R_{G1}为例来说明信号 1 端是如何输出高电平的。当太阳光或灯光照射到热敏电阻 R_{G1}一侧,其阻值变小,R_{G1}阻值变小后,电压比较器 IC1a 的同相输入端的电位高于反相输入端的电

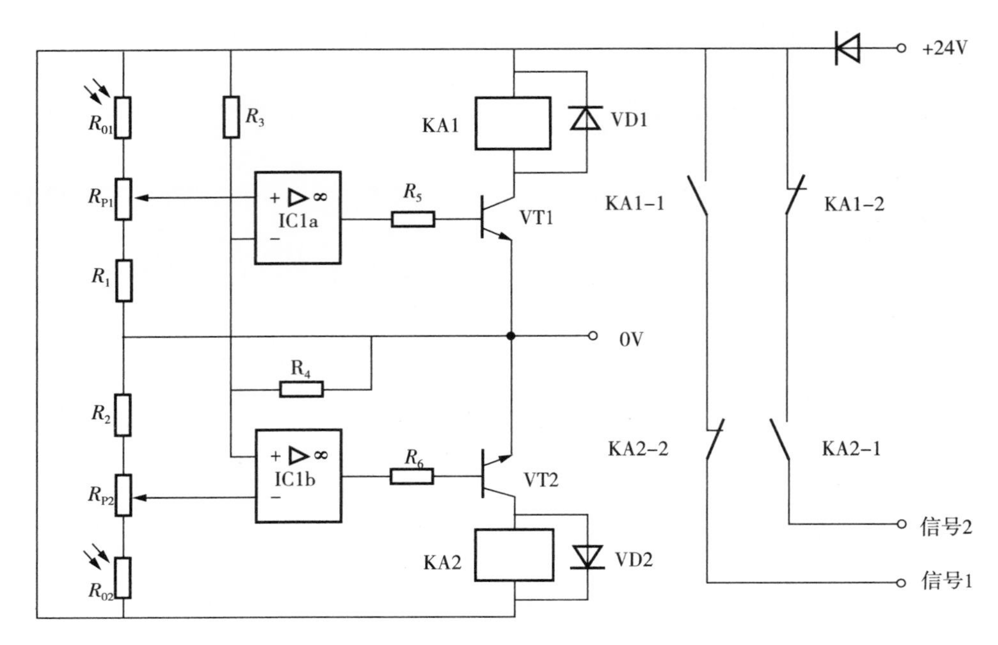

图 2-2-8 光线传感器电原理图

位，则电压比较器 IC1a 的输出为高电平，晶体三极管 VT1 导通，继电器 KA1 也得电导通，常开触点 KA1-1 闭合、常闭触点 KA1-2 断开，信号 1 端输出高电平；当太阳光或灯光没有照射到热敏电阻 R_{G1} 一侧，其阻值较大，R_{G1} 阻值由于较大，电压比较器 IC1a 的同相输入端的电位小于反相输入端的电位，则电压比较器 IC1a 的输出为低电平，晶体三极管 VT1 截止，继电器 KA1 也不导通，常开触点 KA1-1 断开、常闭触点 KA1-2 闭合，信号 1 端输出低电平。将信号 1 端接到 PLC 的输入端，PLC 接收该高电平后，便可控制水平方向和俯仰方向运动机构中的相应的直流电动机旋转，使光伏电池方阵向光敏电阻 R_{G1} 一侧偏转。

光伏电池方阵有东西南北四个方向，所以实际的光线传感器在透光的深色有机玻璃罩中安装了 4 个光敏电阻，用十字型不透光的隔板分别隔开，这 4 个光敏电阻所处的位置分别定义为东、西、北、南。因此，有 4 路信号提供给 PLC。

三、实训内容

将光线传感器上方的投影灯点亮，并移动到相应位置，观察 4 路信号所连接到 PLC 对应的输入端口上的 LED 灯是否发光，以观察光线传感器的输出状态。

四、操作步骤

(1)将 CON6 的 1 端口接 12V 电源正极，2 端口接 12V 电源负极，光线传感器中的东向、西向、北向、南向光敏电阻接受到不同光照强度时，分别产生“高”或“低”

的开关信号。东向、西向、北向、南向信号输出端，送到 CON6 的 3、4、5、6 端口，通过 CON6 再连接到接线排 XT1.15、XT1.16、XT1.17、XT1.18 端口，最后连接到 PLC 的输入端 I2.2、I2.3、I2.4、I2.5。用万用表测量 CON6 的 3、4、5、6 端口的通断情况。

(2)将通电的投射灯放置在光线传感器上方并更换不同的位置，观察 PLC 的输入端口 I2.2、I2.3、I2.4、I2.5LED 指示灯的亮灭情况。

(3)根据 PLC 的输入端口 I2.2、I2.3、I2.4、I2.5LED 指示灯的亮灭情况，判断水平方向和俯仰方向运动机构中的直流电动机正确的旋转方向。

五、小结

(1)作为光线传感器的核心的元件光敏电阻和电压比较器，光敏电阻是传感器，电压比较器是信号处理器件。通过该部分实训对光敏电阻和电压比较器的工作特性产生较为理性的认识。

(2)通过该部分实训对光线传感器的工作原理产生较为理性的认识，为光源跟踪控制程序设计打下基础。

2.2.5　光伏电池的输出特性

一、实训的目的和要求

1. 实训目的

(1)通过实训学习和掌握光伏电池的 $I-U$ 特性。

(2)通过实训学习和掌握光伏电池的输出功率特性。

(3)通过实训复习光伏输出显示单元的接线和可调电阻的接线。

2. 实训要求

(1)利用光伏供电装置和光伏供电系统，实际测量光伏电池组件的 $I-U$ 特性。

(2)绘制光伏电池组件的 $I-U$ 特性曲线和输出功率曲线。

二、基本原理

描述光伏电池输出特性的两个重要的参数是光伏电池的短路电流 I_{sc} 和开路电压 U_{oc}。

1. 光伏电池的短路电流 I_{sc}

光伏电池的短路电流是指将光伏电池置于特定的温度下，在标准光源的照射下，将光电池输出端短路，流经光伏电池输出端或输入端的电流。光伏电池的短路电流受外界温度的影响，通常环境温度每升高 1℃，短路电流 I_{sc} 约上升 78μA。

2. 光伏电池的开路电压 U_{oc}

光伏电池的开路电压是指将光伏电池置于特定的温度下，在标准光源的照射下,将光电池输出端开路,光伏电池的输出电压。光伏电池的开路电压受外界温度的影响,通常环境温度每升高1℃,开路电压 U_{oc} 将下降 3～5mV。

3. 光伏电池的输出特性曲线

在一定的光照强度和环境温度下,将可调电阻的阻值从0逐渐变化到1000Ω时,即可得到多组光伏电池的输出电流I值,以及输出电流 I 对应的输出电压 U 值,即多组数对 (I,U),利用多组数对 (I,U),以输出电压 U 为横坐标,输出电流 I 为纵坐标,便可绘制光伏电池的输出特性曲线即光伏电池的 $I-U$ 特性曲线。将数对 (I,U) 中 I 和 U 相乘得到光伏电池的输出功率 P,多组数对 (I,U) 中 I 和 U 相乘便可得到多个光伏电池的输出功率 P,以输出电压 U 为横坐标,以输出功率 P 为纵坐标便可得到光伏电池的输出功率曲线。光伏电池的 $I-U$ 特性曲线和输出功率曲线如图 2-2-9 所示。

三、实训内容

根据表 2-1-3、表 2-1-11 和图 2-1-13 完成光伏电池、光伏输出显示单元和可调电阻之间的接线,调整并固定光伏电池方阵与投射灯1、灯2的位置,从0Ω至1000Ω改变可调电阻的阻值,利用输出显示单元中的直流电流表和直流电压表,记录多组光伏电池输出电流 I 和输出电压 U 值,即多组数对 (I,U),然后绘制光伏电池的 $I-U$ 特性曲线和输出功率曲线。

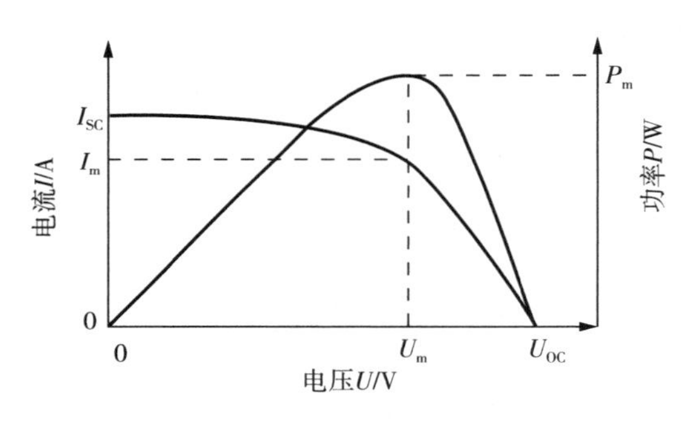

图 2-2-9 光伏电池的 I-U 特性曲线和输出功率曲线

四、操作步骤

1. 使用的器材和工具

(1)光伏供电装置。数量:1台。

(2)光伏供电控制单元。数量:1个。

(3)光伏电源控制单元。数量:1个。

(4)可调电位器,1000Ω/100W。数量:1个。

(5)万用表。数量:1块。

(6)十字型螺丝刀和一字型螺丝刀。数量:各1把。

2. 操作步骤

(1)根据表 2-1-3、表 2-1-11 和图 2-1-13 完成光伏电池、光伏输出显示单元和可调电阻之间的接线。

(2)调节光伏供电装置的摆杆处于垂直状态。此步需要利用编写的程序进行调节。(具体控制程序参阅2.2.2节中有关“光伏供电装置的摆杆控制”程序的内容)

(3)调节光伏电池方阵的位置,使光伏电池方阵正对着投射灯。此步需要利用编写的程序进行调节。(具体控制程序参阅2.2.2节中有关“光伏电池方阵的控制”程序的内容)

(4)顺时针旋转可调电阻旋钮,从0Ω至1000Ω改变可调电阻的阻值,以50Ω的电阻值为间隔,并记录多组光伏电池输出电流 I 和输出电压 U 值,即多组数对 (I,U)。

(5)然后绘制光伏电池的 $I-U$ 特性曲线和输出功率曲线。

五、小结

(1)通过实训可以得出光伏电池是一个既非恒压源又非恒流源的非线性直流电源。

(2)点亮1个投影灯和2个投影灯都点亮的不同情况下,光伏电池方阵输出特性和输出功率特性是不同的。

(3)从光伏电池输出功率曲线可知,可调电阻从0Ω至1000Ω的变化过程中,输出功率先增大再减小,即调节可调电阻能找到一个阻值使输出功率最大。

2.2.6　光伏供电系统和光伏供电装置程序设计

一、实训的目的和要求

1. 实训目的

(1)学习和掌握利用西门子S7-200的PLC编写控制投影灯1、投影灯2亮灭的程序。

(2)学习和掌握利用西门子S7-200的PLC编写控制摆杆东西运动的程序。

(3)学习和掌握利用西门子S7-200的PLC编写控制光伏电池组件水平(东西)运动和仰俯(南北)运动。

2. 实训要求

(1)根据光伏供电控制单元接线、光伏供电主电路接线、西门子S7-200输入输出接线以及光伏供电装置和光伏供电系统之间的接插座等,检查相关电路的接线。

(2)完成实训目的(1)、(2)、(3)中相关程序设计。

二、基本原理

1. PLC编写程序控制投影灯1、投影灯2亮灭的基本原理

投影灯1、投影灯2是由市电提供电能信号,投影灯1、投影灯2回路的通断,受继电器KA7和KA8控制,具体电气线路参见图2-1-9“光伏供电主电路电气

原理图”。

由图 2 - 1 - 7“光伏供电控制单元面板”、图 2 - 1 - 8“光伏供电控制单元电气原理图”、表 2 - 1 - 4“光伏供电控制单元器件清单”、表 2 - 1 - 5“光伏供电控制单元接线”、表 2 - 1 - 7“S7 - 200 CPU226 输入输出配置”以及图 2 - 1 - 10“S7 - 200 CPU226 输入输出接口”可知，灯 1 按钮、灯 2 按钮分别用于控制投影灯 1、投影灯 2 的亮灭。下面以投影灯 1 的亮灭控制原理为例进行相关说明。

当按下灯 1 按钮时，24V 电平送给 CPU226 输入端 I0.7，CPU226 检测到有高电平输入，紧接着使 CPU226 输出端 Q0.5 输出 24V 高电平，由于 CPU226 输出端 Q0.5 高电平送给继电器 KA7 控制电路，控制电路得电，则继电器 KA7 的工作电路接通，进而投影灯 1 形成回路，投影灯 1 亮。若要使投影灯 1 灭，同样按下灯 1 按钮，24V 电平送给 CPU226 输入端 I0.7，CPU226 检测到有高电平输入，此时紧接着使 CPU226 输出端 Q0.5 输出 0V 低电平，由于 CPU226 输出端 Q0.5 低电平送给继电器 KA7 控制电路，控制电路断电，则继电器 KA7 的工作电路断开，进而投影灯 1 不能形成回路，投影灯 1 灭。再次按下灯 1 按钮，投影灯 1 再次点亮，原理同上。

2. PLC 编写程序控制摆杆东西运动的基本原理

由图 2 - 1 - 9“光伏供电主电路电气原理图”可知，摆杆的东西运动是由交流电动机驱动。该交流电动机的正、反转受继电器 KA1、KA2 的控制。该交流电动机的正转使摆杆由东向西运动，该交流电动机的反转使摆杆由西向东运动。

由图 2 - 1 - 7“光伏供电控制单元面板”、图 2 - 1 - 8“光伏供电控制单元电气原理图”、表 2 - 1 - 4“光伏供电控制单元器件清单”、表 2 - 1 - 5“光伏供电控制单元接线”、表 2 - 1 - 7“S7 - 200 CPU226 输入输出配置”以及图 2 - 1 - 10“S7 - 200 CPU226 输入输出接口”可知，东西按钮、西东按钮分别用于控制摆杆由东向西运东、由西向东运动。下面以摆杆的由东向西运动为例进行说明。

当按下东西按钮时，24V 电平送给 CPU226 输入端 I1.1，CPU226 检测到有高电平输入，紧接着使 CPU226 输出端 Q1.2 输出 24V 高电平，使 CPU226 输出端 Q1.3 输出 0V 低电平，由于 CPU226 输出端 Q1.2 高电平送给继电器 KA1 控制电路，控制电路得电，则继电器 KA1 的工作电路接通，进而交流电动机正转形成回路，则交流电动机正转驱动摆杆由东向西运动。由于 CPU226 输出端 Q1.3 低电平送给继电器 KA2 控制电路，控制电路断电，则继电器 KA2 的工作电路断开，进而交流电动机反转不能形成回路，则交流电动机反转不能驱动摆杆由西向东运动。在摆杆由东向西的运动过程中，当到达摆杆东西限位开关时，24V 电平送给 CPU226 输入端 I2.6，CPU226 检测到有高电平输入，紧接着使 CPU226 输出端 Q1.2 输出 0V 低电平，由于 CPU226 输出端 Q1.2 低电平送给继电器 KA1 控制电路，控制电路断电，则继电器 KA1 的工作电路断开，进而交流电动机正转不能形成回路,则交流电动机正转不能驱动摆杆由东向西运动,摆杆停止运动。在摆杆由东向西的运动过程中,还没有到达摆杆东西限位开关,按下东西按钮时,24V 电平送给 CPU226 输入端 I1.1,CPU226 检测到有高电平输入,紧接着使 CPU226 输出端 Q1.2 输出 0V 低电平,由于 CPU226 输出端 Q1.2 低电平送给继电器 KA1 控制电路,控制电路断电,则继电器 KA1 的工作电路断开,进而交流电动机正转不能形成回路,则交流电动机正转不能驱动摆杆由东向西运动,摆杆停止运动。

3. PLC 编写程序控制光伏电池组件水平(东西)运动和仰俯(南北)运动的基本原理

由图 2-1-9“光伏供电主电路电气原理图”可知,光伏电池组件水平(东西)运动和仰俯(南北)运动都是由 24 伏直流电动机驱动。继电器 KA3、KA4 控制光伏电池组件水平(东西)运动,继电器 KA5、KA6 控制光伏电池组件仰俯(南北)运动。

光伏电池组件无论是水平(东西)运动,还是仰俯(南北)运动,找准具体的控制输入和输出,即对应的 CPU226 的输入端和输出端,编写该部分控制程序的基本原理,同 PLC 编写程序控制摆杆东西运动的基本原理类似,这里不再累述。

三、实训内容

(1)利用西门子 S7-200 的 PLC 编写手动控制投影灯 1、投影灯 2 亮灭的程序,即按下灯 1 按钮投影灯 1 亮,再按下灯 1 按钮投影灯 1 灭,反复按灯 1 按钮,投影灯 1 反复亮灭;按下灯 2 按钮投影灯 2 亮,再按下灯 2 按钮投影灯 2 灭,反复按灯 2 按钮,投影灯 2 反复亮灭。

(2)利用西门子 S7-200 的 PLC 编写手动控制摆杆东西运动的程序,即按下东西按钮,摆杆由东向西运动,再按下东西按钮,摆杆停止运动,当摆杆由东向西运动到东西限位开关,摆杆停止运动;按下西东按钮,摆杆由西向东运动,再按下西东按钮,摆杆停止运动,当摆杆由西向东运动到西东限位开关,摆杆停止运动。在由东向西运动过程中,按下西东按钮,不能影响摆杆继续由东向西运动;在由西向东运动过程中,按下东西按钮,不能影响摆杆继续由西向东运动;

(3)利用西门子 S7-200 的 PLC 编写手动控制光伏电池组件水平(东西)运动和仰俯(南北)运动。

按下向西按钮,光伏电池组件向西运动,在光伏电池组件向西运动过程中,按下向西按钮,光伏电池组件停止运动,到达向西限位开关时停止运动。

按下向东按钮,光伏电池组件向东运动,在光伏电池组件向东运动过程中,按下向东按钮,光伏电池组件停止运动,到达向东限位开关时停止运动。

在光伏电池组件向西运动过程中,按下向东按钮,不能影响光伏电池组件继续向西运动;在光伏电池组件向东运动过程中,按下向西按钮,不能影响光伏电池组件继续向东运动。

按下向北按钮，光伏电池组件向北运动，在光伏电池组件向北运动过程中，按下向北按钮，光伏电池组件停止运动，到达向北限位开关时停止运动。

按下向南按钮，光伏电池组件向南运动，在光伏电池组件向南运动过程中，按下向南按钮，光伏电池组件停止运动，到达向南限位开关时停止运动。

在光伏电池组件向北运动过程中，按下向南按钮，不能影响光伏电池组件继续向北运动；在光伏电池组件向南运动过程中，按下向北按钮，不能影响光伏电池组件继续向南运动。

四、操作步骤

1. 使用的器材和工具

(1)光伏供电装置。数量：1 台。

(2)光伏供电控制单元。数量：1 个。

(3)光伏电源控制单元。数量：1 个。

(4)S7－200 CPU226 PLC，24 个输入、16 个继电器输出，数量：1 个。

(5)万用表。数量：1 块。

(6)十字型螺丝刀和一字型螺丝刀。数量：各 1 把。

(7)西门子 S7－200 编程软件 STEP7 MicroWIN V4.0。

2. 程序设计

(1)利用西门子 S7－200 的 PLC 编写手动控制投影灯 1、投影灯 2 亮灭的程序。

先将手动/自动旋钮开关拨向手动一边。具体梯形图程序如下。

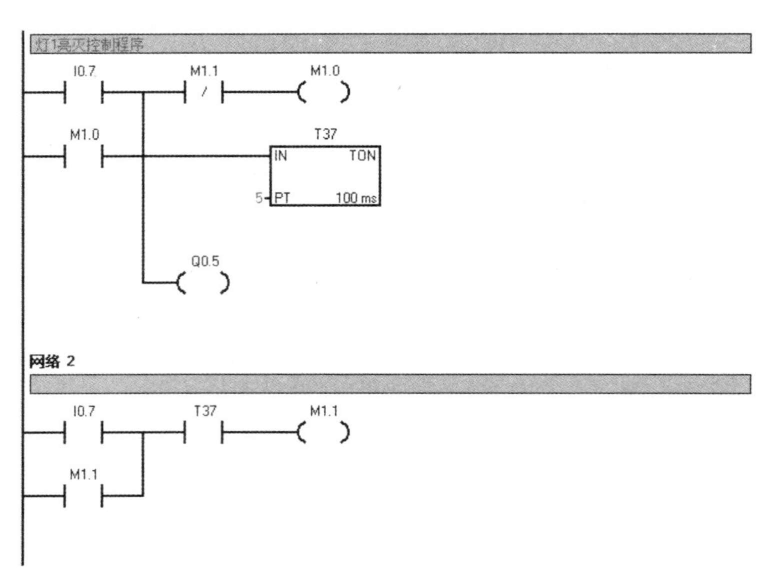

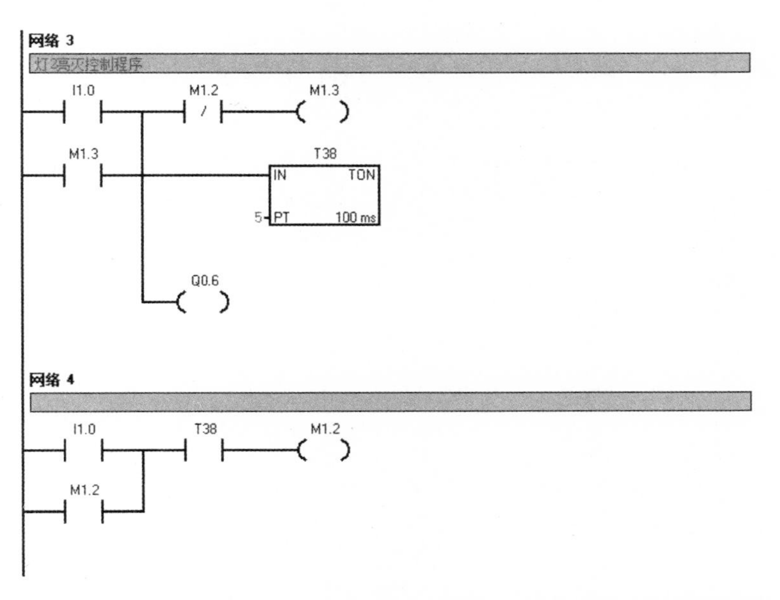

(2)利用西门子 S7－200 的 PLC 编写手动控制摆杆东西运动的程序。先将手动/自动旋钮开关拨向手动一边。具体梯形图程序如下。

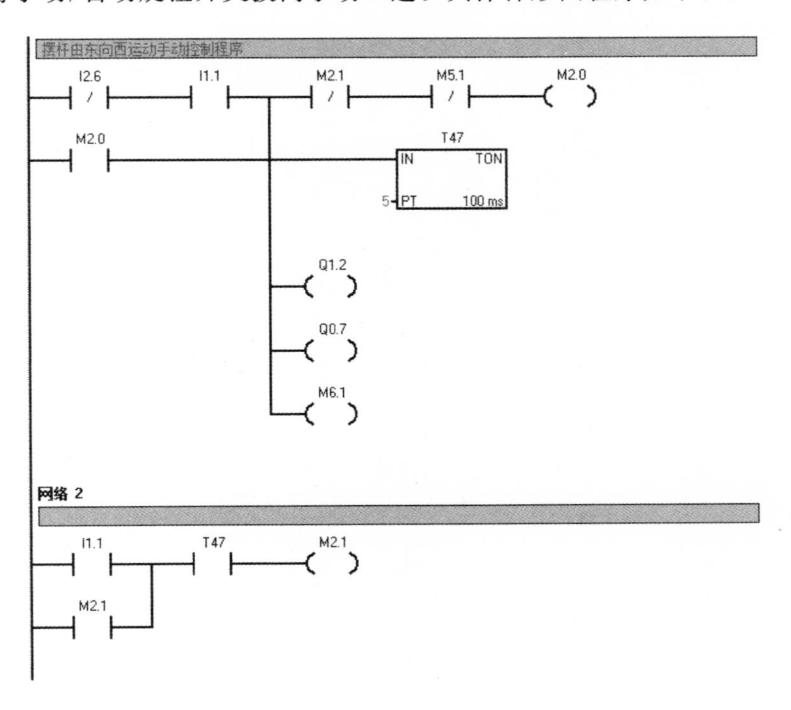

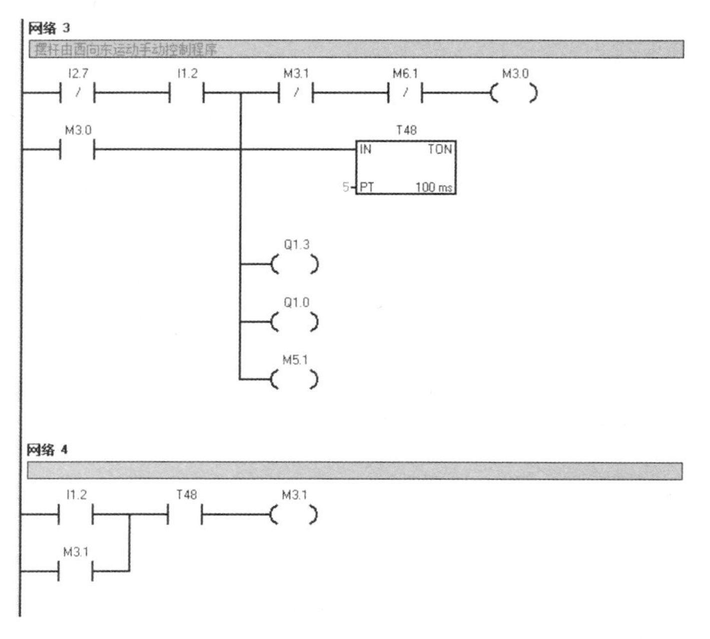

(3)利用西门子 S7－200 的 PLC 编写手动控制光伏电池组件水平(东西)运动和仰俯(南北)运动。

先将手动/自动旋钮开关拨向手动一边。具体梯形图程序如下。

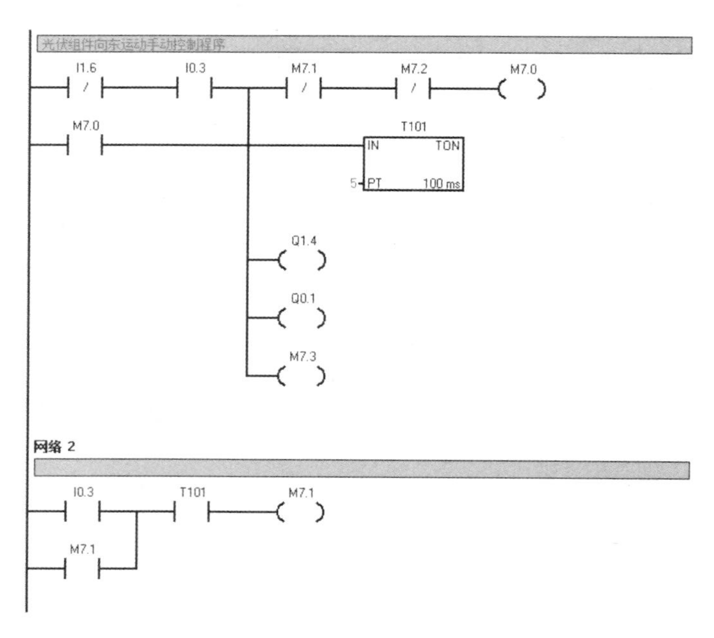

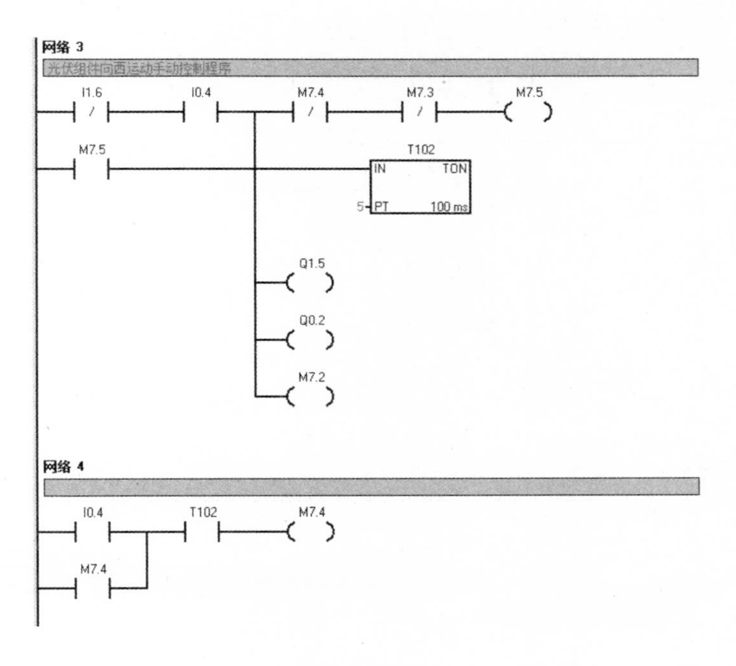
网络 3
光伏组件向西运动手动控制程序
I1.6
I0.4
M7.4
M7.3
M7.5
M7.5
T102
IN
TON
5
PT
100 ms
Q1.5
Q0.2
M7.2
网络 4
I0.4
T102
M7.4
M7.4

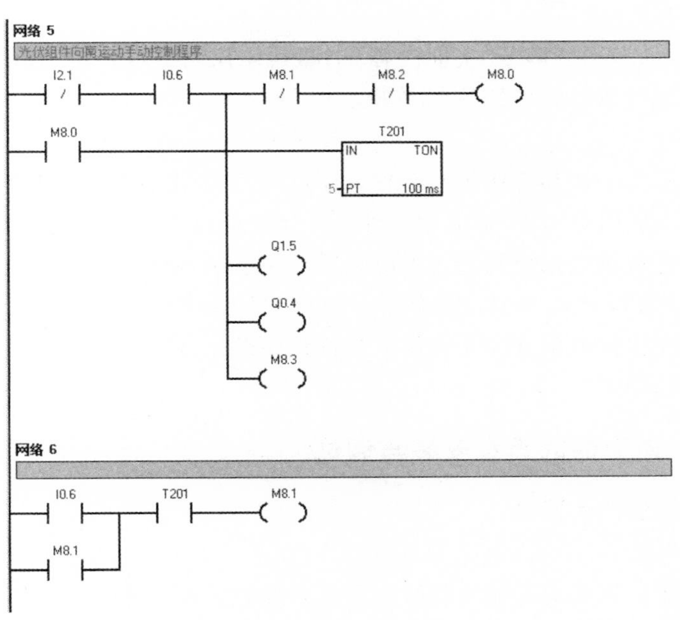
网络 5
光伏组件向南运动手动控制程序
I2.1
I0.6
M8.1
M8.2
M8.0
M8.0
T201
IN
TON
5
PT
100 ms
Q1.5
Q0.4
M8.3
网络 6
I0.6
T201
M8.1
M8.1

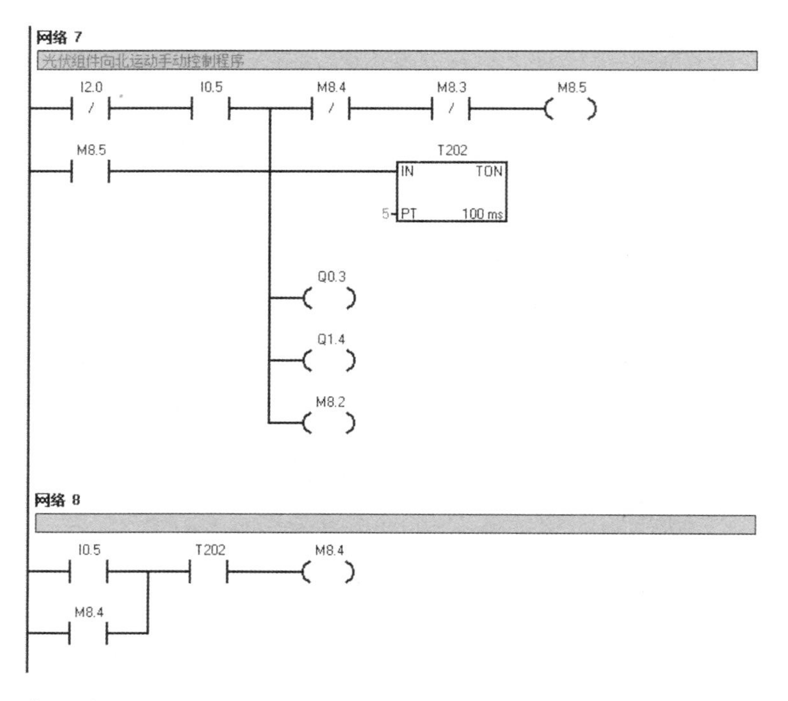

3. 程序调试

根据 2.2.6 节第三部分“实训内容”中的具体控制要求，对上述梯形图程序进行调试，检查是否满足具体的控制要求。

五、小结

(1)光伏供电系统和光伏供电装置程序设计，涉及电子技术、自动控制、机械设计和 PLC 技术应用等知识，是典型的综合性实训项目。

(3)通过光伏供电系统和光伏供电装置程序设计，使学生对西门子 S7 - 200 的可编程逻辑控制器 PLC 和其编程软件 STEP7 MicroWIN V4.0，有所接触和学习。

(2)通过光伏供电系统和光伏供电装置程序设计，使学生对工业控制场合有理性认识和了解。

2.2.7 逆变器的负载安装与调试

一、实训的目的和要求

1. 实训目的

(1)通过实训理解逆变和负载部分设备器件的安装与接线。

(2)通过实训理解逆变和负载系统的组成。

2. 实训要求

(1)拆除逆变电源控制单元、逆变输出显示单元、变频器、三相交流电机、发光舞台灯模块和警示灯的接线。器件的位置可以做适当调整,根据1.2逆变与负载系统小节中相关电气原理图重新接线。

(2)接线的线径、颜色选择合理,接线要有标号,叉型和管型端子接线处不能裸露铜。

(3)接地线选择换绿色线,接线要牢固。

二、基本原理

根据2.1.2节"逆变与负载系统"中的表2-1-15"逆变输出显示单元接线"、图2-1-21"逆变与负载系统主电路电气原理图"、表2-1-16"DC—DC升压电路接线端口"、表2-1-17"全桥逆变电路接线端口"、表2-1-18"接口底板电路接线端口"、表2-1-19"接线排XT3与逆变与负载系统的接线"、表2-1-20"接线排XT3与接插座CON13的接线",将逆变与负载系统中的设备器件安装在适当位置再进行接线。

三、实训内容

安装逆变器、逆变电源控制单元、变频器、三相交流电动机、警示灯和发光管舞台灯光模块,并接线调试。

四、实训步骤

1. 使用的器材和工具

(1)万用表。数量:1块。

(2)十字型螺丝刀和一字型螺丝刀。数量:各1把。

(3)剥线钳、压线钳。数量:各1把。

(4)套管打码机。数量:1台。

(5)叉型端子、管型端子、接线、套管若干。

(6)螺丝、螺母、垫片若干。

2. 操作步骤

(1)将逆变器、逆变电源控制单元、变频器、三相交流电动机、警示灯和发光管舞台灯光模块等,安装在逆变与负载系统网孔板上适当的位置。

(2)根据逆变器交流负载电气原理图和逆变电源控制单元DT14和DT15接线端接线。

(3)检查接线,确保接线正确。

(4)接通开关QF05,接通逆变器开关。

(5)根据变频器使用手册,正确设置变频器参数。调节变频器面板的按钮,使电动机变速旋转。

(6)接通开关 QF06,警示灯闪烁。

(7)接通逆变电源控制单元开关,发光管舞台灯光亮。

五、小结

(1)通过逆变器的负载安装与调试实训,对逆变与负载系统组成加深理解。

(2)通过逆变器的负载安装与调试实训,对直流电转变为交流电的原理加深学习和理解。

第三篇　GF－SX10 光伏发电教学实训

传统的燃料能源正在一天天减少，对环境造成的危害日益突出，同时全球还有20亿人得不到正常的能源供应。这个时候，全世界都把目光投向了可再生能源，希望可再生能源能够改变人类的能源结构，维持长远的可持续发展。其中太阳能以其独有的优势而成为人们重视的焦点。丰富的太阳辐射能是重要的能源，是取之不尽、用之不竭的，无污染、廉价、人类能够自由利用的能源。太阳能每秒钟到达地面的能量高达80万千瓦，假如把地球表面0.1％的太阳能转为电能，转变率5％，每年发电量可达5.6×10^{12}千瓦时，相当于世界上能耗的40倍。

近几年国际上光伏发电快速发展，世界上已经建成了10多座兆瓦级光伏发电系统，6个兆瓦级的联网光伏电站。美国是最早制定光伏发电的发展规划的国家。1997年又提出"百万屋顶"计划。日本1992年启动了新阳光计划，到2003年日本光伏组件生产占世界的50％，世界前10大厂商有4家在日本。而德国新可再生能源法规定了光伏发电上网电价，大大推动了光伏市场和产业发展，使德国成为继日本之后世界光伏发电发展最快的国家。瑞士、法国、意大利、西班牙、芬兰等国，也纷纷制定光伏发展计划，并投巨资进行技术开发和加速工业化进程。

中国太阳能资源非常丰富，理论储量达每年17000亿吨标准煤。太阳能资源开发利用的潜力非常广阔。中国地处北半球，南北距离和东西距离都在5000千米以上。在中国广阔的土地上，有着丰富的太阳能资源。大多数地区年平均日辐射量在每平方米4千瓦时以上，西藏日辐射量最高达每平方米7千瓦时。年日照时数大于2000小时。与同纬度的其他国家相比，与美国相近，比欧洲、日本优越得多，因而有巨大的开发潜能。

中国光伏发电产业于20世纪70年代起步，90年代中期进入稳步发展时期。太阳电池及组件产量逐年稳步增加。经过30多年的努力，已迎来了快速发展的新阶段。在"光明工程"先导项目和"送电到乡"工程等国家项目及世界光伏市场的有力拉动下，我国光伏发电产业迅猛发展。

到2007年底，全国光伏系统的累计装机容量达到10万千瓦（100MW），从事太阳能电池生产的企业达到50余家，太阳能电池生产能力达到290万千瓦(2900MW)，太阳能电池年产量达到1188MW，超过日本和欧洲，并已初步建立起从原材料生产到光伏系统建设等多个环节组成的完整产业链，特别是多晶硅材料生产取得了重大进展，突破了年产千吨大关，冲破了太阳能电池原材料生产的瓶颈制约，为我国光伏发电的规模化发展奠定了基础。2007年是我国太阳能光伏产业快速发展的一年。受益于太阳能产业的长期利好，整个光伏产业出现了前所未有的投资热潮。

“十二五”时期我国新增太阳能光伏电站装机容量约1000万千瓦，太阳能光热发电装机容量100万千瓦，分布式光伏发电系统约1000万千瓦，光伏电站投资按平均每千瓦1万元测算，分布式光伏系统按每千瓦1.5万元测算，总投资需求约2500亿元。

尽管我国是太阳能产品制造大国，不过我国太阳能产品大多用于出口。在2010年时，全球太阳能光伏电池年产量1600万千瓦，其中我国年产量1000万千瓦。而到2010年，全球光伏发电总装机容量超过4000万千瓦，主要应用市场在德国、西班牙、日本、意大利，其中德国2010年新增装机容量700万千瓦。

不过，我国太阳能资源十分丰富，适宜太阳能发电的国土面积和建筑物受光面积也很大，其中，青藏高原、黄土高原、冀北高原、内蒙古高原等太阳能资源丰富地区占到陆地国土面积的三分之二，具有大规模开发利用太阳能的资源潜力。

太阳能资源丰富、分布广泛，是21世纪最具发展潜力的可再生能源。随着全球能源短缺和环境污染等问题日益突出，太阳能光伏发电因其清洁、安全、便利、高效等特点，已成为世界各国普遍关注和重点发展的新兴产业。

在此背景下，全球光伏发电产业增长迅猛，产业规模不断扩大，产品成本持续下降。我国光伏发电产业也得到迅速发展，已成为我国为数不多的可以同步参与国际竞争并有望达到国际领先水平的行业。以尚德电力、英利绿色能源、江西赛维LDK、保利协鑫为代表的一批著名企业崛起和以江苏、河北、四川、江西四大光伏强省为代表的一批产业基地建成。因此，企业以往以“年度”为单位进行战略以及策略调整的传统做法，在行业快速变化的今天显得有些力不从心甚至被动。所以，企业以“月度”为单位，根据行业最新发展动向适时进行策略乃至战略调整的经营手段，正日益受到许多大型企业管理者尤其是外资企业管理层的高度重视。

国家能源局于2013年11月18日发布《分布式光伏发电项目管理暂行办法》

太阳能光伏发电在不远的将来会占据世界能源消费的重要席位，不但要替代部分常规能源，而且将成为世界能源供应的主体。预计到2030年，可再生能源在总能源结构中将占到30%以上，而太阳能光伏发电在世界总电力供应中的占比也将达到 10%以上；到 2040 年，可再生能源将占总能耗的 50%以上，太阳能光伏发电将占总电力的 20%以上；到 21 世纪末，可再生能源在能源结构中将占到 80%以上，太阳能发电将占到 60%以上。这些数字足以显示出太阳能光伏产业的发展前景及其在能源领域重要的战略地位。

根据《可再生能源中长期发展规划》，到 2020 年，我国力争使太阳能发电装机容量达到 1.8GW（百万千瓦），到 2050 年将达到 600GW（百万千瓦）。预计，到 2050 年，中国可再生能源的电力装机将占全国电力装机的 25%，其中光伏发电装机将占到 5%。未来十几年，我国太阳能装机容量的复合增长率将高达 25%以上。

光伏发电是根据光生伏特效应原理，利用太阳电池将太阳光能直接转化为电能。不论是独立使用还是并网发电，光伏发电系统主要由太阳电池板（组件）、控制器和逆变器三大部分组成，它们主要由电子元器件构成，但不涉及机械部件。

所以，光伏发电设备极为精炼，可靠稳定寿命长、安装维护简便。理论上讲，光伏发电技术可以用于任何需要电源的场合，上至航天器，下至家用电源，大到兆瓦级电站，小到玩具，光伏电源可以无处不在。

第一章　光伏发电实训室与元器件介绍

3.1.1　GF－SX10 光伏发电实训室介绍

1. 实训室结构

(1)GF－SX10 型光伏发电教学实训装置主要有光伏电池模块、充放电控制模块、离/并网逆变模块、仪表监测模块、交直流模拟负载模块、蓄能模块、恒压恒流电源模块、铝合金操作台等 8 个部分组成。

(2)各控制元件集成于光伏发电系统为一体的教学实训系统。

(3)各系统通过线束进行连接，形成一套集成的可拆卸的光伏发电系统。

(4)该系统应具备离网供电和并入电网工作的全过程实训及演示。

(5)实训台采用铝合金结构，模块安装在网板上，实现机动调节安装模式。

(6)万能安装板为 A3 冷板加工，表面喷塑，颜色为电脑色。

2. 实训室布局与原理图

实训室布局状况及光伏实训原理图，见图 3－1－1 至图 3－1－4 所示。

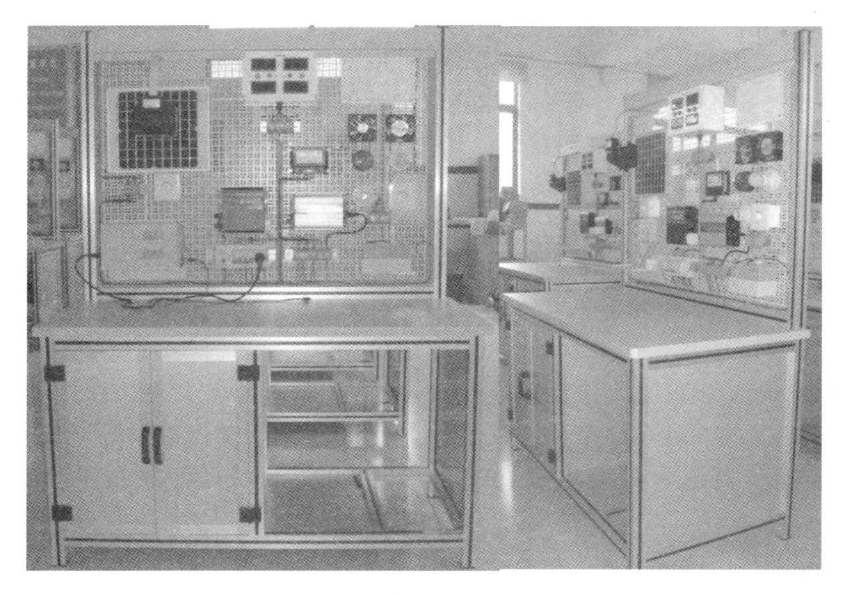

图 3-1-1 GF-SX10 实训台

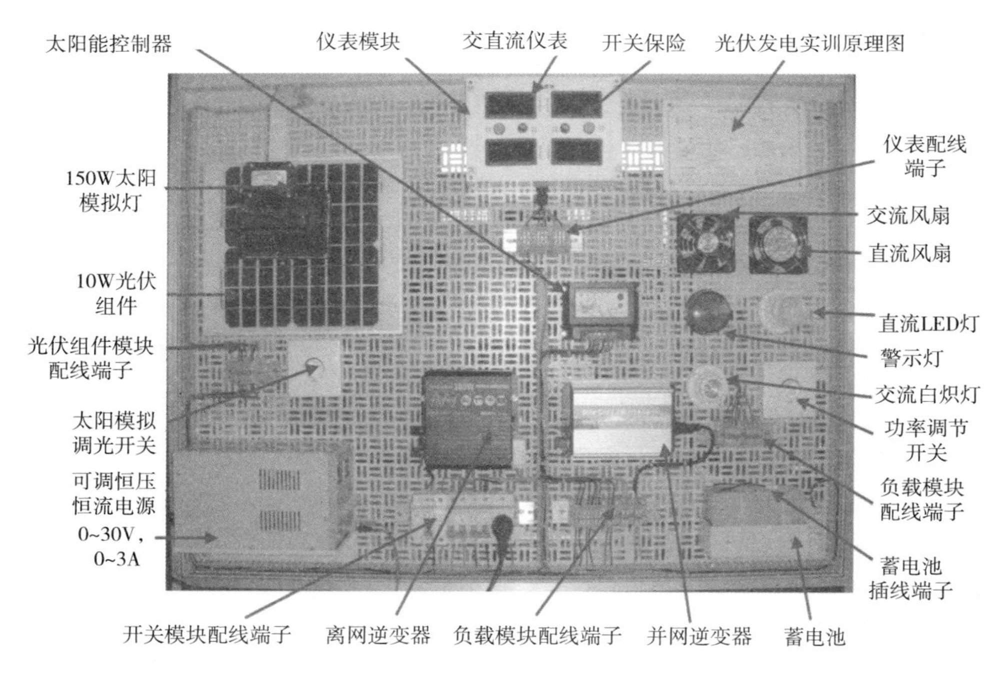

图 3-1-2 面板组装配置示意图

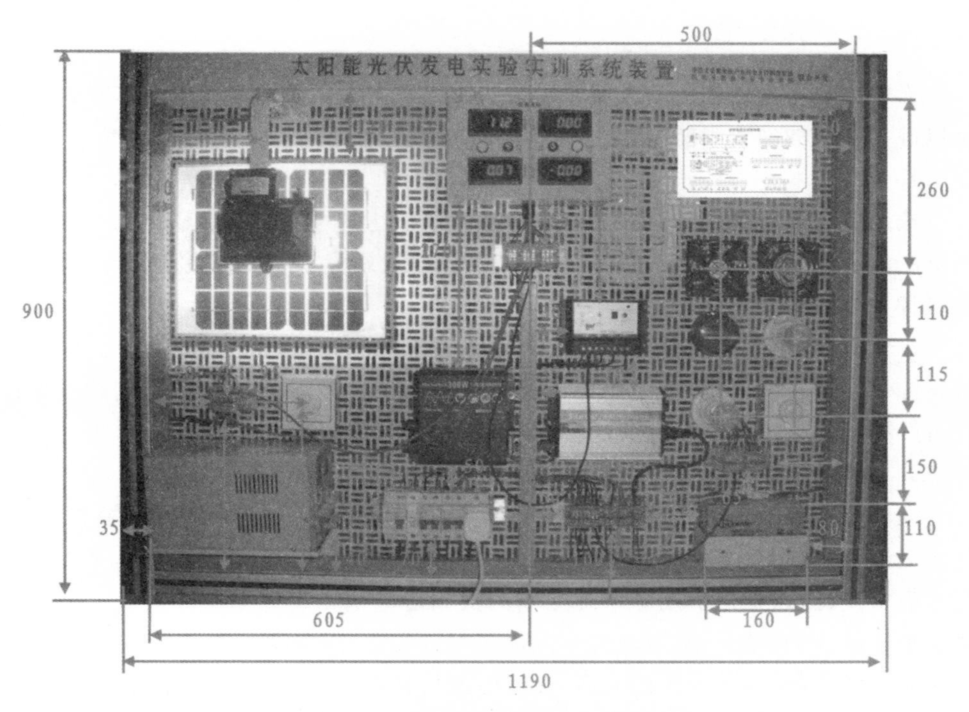

图 3－1－3　光伏发电实验实训系统装置尺寸

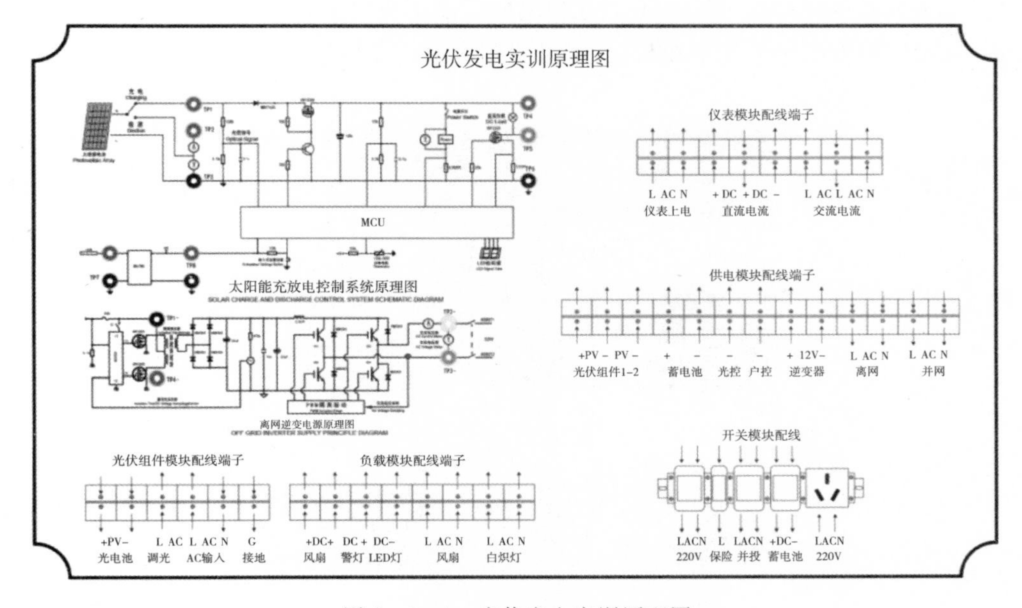

图 3－1－4　光伏发电实训原理图

3.1.2 光伏电池

光伏电池用于把太阳的光能直接转化为电能。目前地面光伏系统大量使用的是以硅为基底的硅太阳能电池，可分为单晶硅、多晶硅、非晶硅太阳能电池。

1. 简介

按照应用需求，太阳能电池经过一定的组合，达到一定的额定输出功率和输出的电压的一组光伏电池，叫光伏组件。根据光伏电站大小和规模，由光伏组件可组成各种大小不同的阵列。

光伏组件，采用高效率单晶硅或多晶硅光伏电池、高透光率钢化玻璃、Tedlar、抗腐蚀铝合多边框等材料，使用先进的真空层压工艺及脉冲焊接工艺制造。即使在最严酷的环境中也能保证长的使用寿命。

2. 工作原理

太阳能电池是通过光电效应或者光化学效应直接把光能转化成电能的装置。光伏电池及系统工作原理，如图 3-1-5 所示。以光电效应工作的薄膜式太阳能电池为主流，而以光化学效应原理工作的太阳能电池则还处于萌芽阶段。太阳光照在半导体 p-n 结上，形成新的空穴电子对。在 p-n 结电场的作用下，空穴由 n 区流向 p 区，电子由 p 区流向 n 区，接通电路后就形成电流。

实现过程：房顶的太阳能板将阳光转换为 DC 电流。不间断电源(UPS)将该 DC 能源转换为 AC 220V/50Hz。这种电能可以完全用于当地的设备，可以部分使用，剩余的电能卖给公用事业机构，也可全部卖出。强烈建议应防止这一昂贵的设施遭受雷击。

图 3-1-5 光伏电池及系统工作原理

3. 实训室光伏电池技术参数

(1)峰值功率:10W;

(2)最大工作电压:17.15V;

(3)最大功率电流:0.57A;

(4)开路电压:21.52V;

(5)短路电流:0.64A;

(6)安装尺寸:340mm×280mm×28mm。

3.1.3 太阳能控制器

太阳能控制器全称为太阳能充放电控制器,是用于太阳能发电系统中,控制多路太阳能电池方阵对蓄电池充电以及蓄电池给太阳能逆变器负载供电的自动控制设备。它对蓄电池的充、放电条件加以规定和控制,并按照负载的电源需求控制太阳电池组件和蓄电池对负载的电能输出,是整个光伏供电系统的核心控制部分。

1. 简介

太阳能控制系统由太阳能电池板、蓄电池、控制器和负载组成。

太阳能控制器是用来控制光伏板给蓄电池充电,并且为电压灵敏设备提供负载控制电压的装置。它对蓄电池的充、放电条件加以规定和控制,并按照负载的电源需求控制太阳电池组件和蓄电池对负载的电能输出,是整个光伏供电系统的核心控制部分。它是专为偏远地区的通信或监控设备的供电系统而设计的。控制器的充电控制和负载控制电压完全可调,并可显示蓄电池电压、负载电压、太阳能方阵电压、充电电流和负载电流。

利用蓄电池供电的几乎所有的太阳能发电系统,都极其需要一个太阳能充放电控制器。太阳能充放电控制器的作用在于调节功率,从太阳能电池板输送到蓄电池的功率。蓄电池过冲,至少很显著地降低电池寿命,从最坏的是损坏蓄电池直至它不能够正常使用为止。

太阳能控制器采用高速CPU微处理器和高精度A/D模数转换器,是一个微机数据采集和监测控制系统。既可快速实时采集光伏系统当前的工作状态,随时获得PV站的工作信息,又可详细积累PV站的历史数据,为评估PV系统设计的合理性及检验系统部件质量的可靠性提供了准确而充分的依据。此外,太阳能控制器还具有串行通信数据传输功能,可将多个光伏系统子站进行集中管理和远距离控制。太阳能控制器通常有6个标称电压等级:12V、24V、48V、110V、220V、600V。

2. 工作原理

太阳能电池板属于光伏设备(主要部分为半导体材料),它经过光线照射后发生光电效应产生电流。由于材料和光线所具有的属性和局限性，其生成的电流也是具有波动性的曲线，如果将所生成的电流直接充入蓄电池内或直接给负载供电，则容易造成蓄电池和负载的损坏，严重减小了他们的寿命。

因此我们必须把电流先送入太阳能控制器（图 3－1－6），采用一系列专用芯片电路对其进行数字化调节，并加入多级充放电保护，同时采用“自适应三阶段充电模式”控制技术，确保电池和负载的运行安全和使用寿命。对负载供电时，也是让蓄电池的电流先流入太阳能控制器，经过它的调节后，再把电流送入负载。这样做的目的：一是稳定放电电流；二是保证蓄电池不被过放电；三是可对负载和蓄电池进行一系列的监测保护。

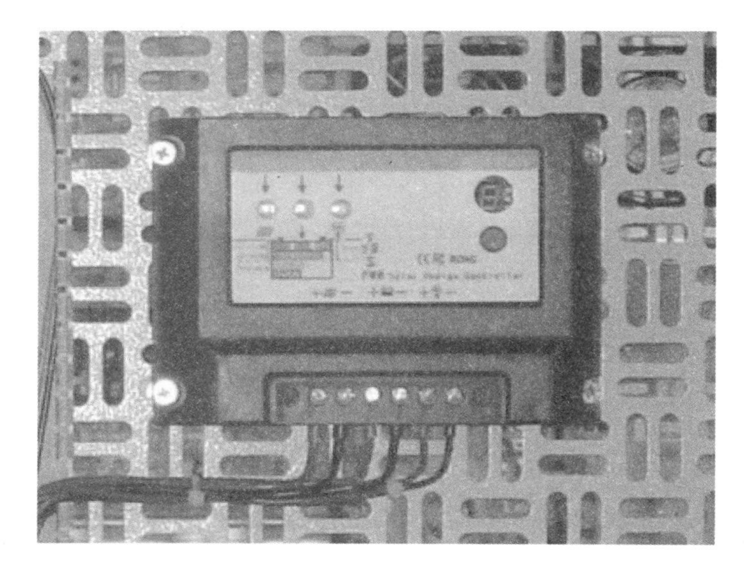

图 3－1－6　太阳能控制器

3. 实训室太阳能控制器技术参数

(1)使用 ATMR48U10 单片机实现智能控制。

(2)采用串联式 PWM 充电控制方式，使充电回路的电压损失较原二极管充电方式降低一半，充电效率较非 PWM 高 3％～6％；过放恢复的提升充电，正常的直充，浮充自动控制方式有利于提高蓄电池寿命。

(3)多种保护功能：蓄电池反接、过充电、过放电、蓄电池反放电、负载过载、短路等保护功能。

(4)具有的工作模式：光控＋时控＋调试＋常开＋双路双调。

(5)浮充电温度补偿功能。

(6)使用了数字 LED 显示及设置,一键式操作即可完成所有设置,方便直观。

(7)面板具有 6 个插线端口(电板输入 2 个口,蓄电池 2 个口,直流输出 2 个口)。

3.1.4　铅酸蓄电池(12V7Ah)

图 3－1－7　12V 铅酸蓄电池

铅酸蓄电池,放电状态下,正极主要成分为二氧化铅,负极主要成分为铅;充电状态下,正负极的主要成分均为硫酸铅。铅酸蓄电池分为排气式蓄电池和免维护铅酸电池。常见的铅酸蓄电池,如图 3－1－7 所示。

1. 简介

电池主要由管式正极板、负极板、电解液、隔板、电池槽、电池盖、极柱、注液盖等组成。排气式蓄电池的电极是由铅和铅的氧化物构成,电解液是硫酸的水溶液。主要优点是电压稳定、价格便宜;缺点是比能低(即每公斤蓄电池存储的电能)、使用寿命短和日常维护频繁。老式普通蓄电池一般寿命在 2 年左右,而且需定期检查电解液的高度并添加蒸馏水。不过随着科技的发展,铅酸蓄电池的寿命变得更长而且维护也更简单了。

铅酸蓄电池最明显的特征是其顶部有可拧开的塑料密封盖,上面还有通气孔。这些注液盖是用来加注纯水、检查电解液和排放气体之用。理论上说,铅酸蓄电池需要在每次保养时检查电解液的密度和液面高度,如果有缺水需添加蒸馏水。但随着蓄电池制造技术的升级,铅酸蓄电池发展为铅酸免维护蓄电池和胶体免维护电池,铅酸蓄电池使用中无须添加电解液或蒸馏水。主要是利用正极产生氧气可在负极吸收达到氧循环,可防止水分减少。铅酸水电池大多应用在牵引车、三轮车、汽车起动装置等上面,而免维护铅酸蓄电池应用范围更广,包括不间断电源、电动车动力、电动自行车电池等。铅酸蓄电池根据应用需要分为恒流放电(如不间断电源)和瞬间放电(如汽车启动电池)。

2. 分类

(1)普通蓄电池:普通蓄电池的极板是由铅和铅的氧化物构成,电解液是硫酸的水溶液。它的主要优点是电压稳定、价格便宜;缺点是比能低(即每公斤蓄电池存储的电能)、使用寿命短和日常维护频繁。

(2)干荷蓄电池:它的全称是干式荷电铅酸蓄电池,它的主要特点是负极板有较高的储电能力,在完全干燥状态下,能在两年内保存所得到的电量,使用时,只需加入电解液,过 20～30 分钟后就可使用。

(3)免维护蓄电池:免维护蓄电池由于自身结构上的优势,电解液的消耗量非常小,在使用寿命内基本不需要补充蒸馏水。它还具有耐震、耐高温、体积小、自放电小的特点。使用寿命一般为普通蓄电池的两倍。市场上的免维护蓄电池也有两种：一种在购买时一次性加电解液以后使用中不需要维护(添加补充液)；另一种是电池本身出厂时就已经加好电解液并封死，用户根本就不能加补充液。

3. 实训室铅酸蓄电池(12V7Ah)特性

(1)自放电率低；

(2)使用寿命长；

(3)深放电能力强；

(4)充电效率高；

(5)工作温度范围宽；

(6)尺寸：150mm×65mm×90mm。

3.1.5 离网逆变器

交流光伏发电系统中，逆变器是不可或缺的一个部分，目前由于种种技术或是政策原因，把所有独立光伏交流发电系统并网到国家统一电网中还需要一段不短的时间。由此市场把光伏逆变器区分出光伏离网型逆变器(图3-1-8)和光伏并网型逆变器两类。

图3-1-8 离网逆变器

1. 简介

光伏离网型逆变器同光伏并网型逆变器一样对逆变器具有要求较高的效率；要求较高的可靠性；要求直流输入电压有较宽的适应范围；在中、大容量的光伏发电系统中，逆变电源的输出应为失真度较小的正弦波。

KAIVIEW_POWER 的光伏离网型逆变器规格齐全，随着人类低碳生活的到来，新能源利用越来越受到重视，太阳能光伏发电系统发展迅猛，光伏离网型逆变器的市场也将越来越广阔。

SPWM 法就是用脉冲宽度按正弦规律变化而和正弦波等效的 PWM 波形(即 SPWM 波形)控制逆变电路中开关器件的通断，使其输出的脉冲电压的面积与所希望输出的正弦波在相应区间内的面积相等，通过改变调制波的频率和幅值则可调节逆变电路输出电压的频率和幅值。

2. 分类

(1)按照逆变器输出分类

① 单相逆变器

② 三相逆变器

③ 多相逆变器

(2)按照逆变器输出交流的频率分类

① 工频逆变器

② 中频逆变器

③ 高频逆变器

(3)按照逆变器的输出波形分类

① 方波逆变器

② 阶梯波逆变器

③ 正弦逆变器

(4)按照逆变器输出功率大小分类

① 小功率逆变器(小于1kW)

② 中功率逆变器(1kW～10kW)

③ 大功率逆变器(大于10kW)

3. 实训室离网逆变器(200W)特性

(1)纯正弦波输出(失真率<4%)

(2)输入输出完全隔离设计

(3)能快速并行启动电容、电感负载

(4)三色指示灯显示输入电压和输出电压

(5)负载标准和故障情形

(6)负载控制风扇冷却

(7)过压/欠压/短路/过载/超温保护

(8)控制面板设置插线端口(直流输入2个口,交流输出2个口)

3.1.6　并网逆变器

我国光伏发电系统主要是直流系统,即将太阳电池发出的电能给蓄电池充电,而蓄电池直接给负载供电,如我国西北地区使用较多的太阳能用户照明系统以及远离电网的微波站供电系统均为直流系统。此类系统结构简单,成本低廉,但由于负载直流电压的不同(如12V、14V、24V、48V等),很难实现系统的标准化和兼容性,特别是民用电力,由于大多为交流负载,以直流电力供电的光伏电源很难作为商品进入市场。

1. 简介

为太阳能光伏发电、风力发电、燃料电池发电、小型水力发电等各种可再生能源发电系统提供各种完美的电源变换和接入方案,主要应用于可再生能源并网发电系统、离网型村落供电系统和用户电源系统,并可为电网延伸困难的地区通信、交通、路灯照明等提供电力。

另外，光伏发电最终将实现并网运行，这就必须采用成熟的市场模式，今后交流光伏发电系统必将成为光伏发电的主流。光伏并网发电原理图，如图 3－1－9 所示。

图 3－1－9　光伏并网发电原理图

2. 工作原理

逆变器将直流电转化为交流电，若直流电压较低，则通过交流变压器升压，即得到标准交流电压和频率。对大容量的逆变器，由于直流母线电压较高，交流输出一般不需要变压器升压即能达到 220V；在中、小容量的逆变器中，由于直流电压较低，如 12V、24V，就必须设计升压电路。

中、小容量逆变器一般有推挽逆变电路、全桥逆变电路和高频升压逆变电路三种。推挽电路，将升压变压器的中性插头接于正电源，两只功率管交替工作，输出得到交流电力，由于功率晶体管共地边接，驱动及控制电路简单，另外由于变压器具有一定的漏感，可限制短路电流，因而提高了电路的可靠性。其缺点是变压器利用率低，带动感性负载的能力较差。

全桥逆变电路克服了推挽电路的缺点，功率晶体管调节输出脉冲宽度，输出交流电压的有效值即随之改变。由于该电路具有续流回路，即使对感性负载，输出电压波形也不会畸变。该电路的缺点是上、下桥臂的功率晶体管不共地，因此必须采用专门驱动电路或采用隔离电源。另外，为防止上、下桥臂发生共同导通，必须设计先关断后导通电路，即必须设置死区时间，其电路结构较复杂。

3. 实训室并网逆变器特性

(1)并网逆变器(图 3－1－10)具有 DC－DC 和 DC－AC 两级能量变换的结构，逆变过程要求：将交流电整流为 100Hz 的半周波交流电，再将本机产生的高频电流在电路中与 100Hz 的半周波交流电产生并合,实现高频调制。调制合成(半波全桥调制合成 100Hz/120Hz)合成方式(MOSFET 全桥)。

(2)在自动调整的过程中,会看到 LOW 灯不停地闪烁,功率会由 0 作为起点,向最大功率点加大输出功率,重启最多为 6 次,然后进入功率锁定状态,锁定时 ST 灯长亮。

(3)控制面板设置多处接线端口(直流输入 2 个口,交流输出 2 个口,电网波形测试端 2 个口),用来测试逆变系统的主要技术指标。

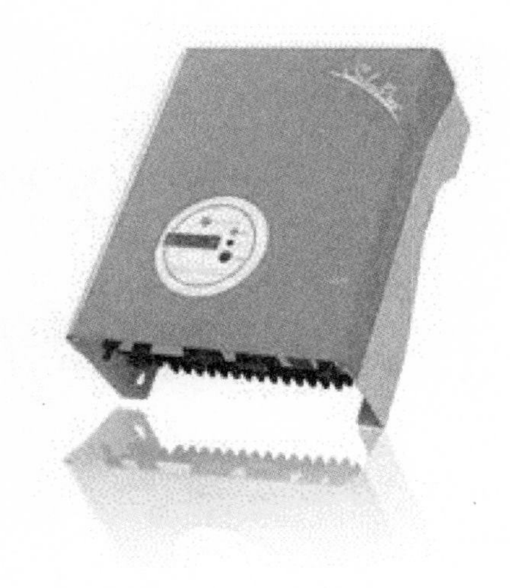

图 3 - 1 - 10　光伏并网逆变器

3.1.7　接线端子

接线端子就是用于实现电气连接的一种配件产品,工业上划分为连接器的范畴。随着工业自动化程度越来越高和工业控制要求越来越严格、精确,接线端子的用量逐渐上涨。随着电子行业的发展,接线端子的使用范围越来越多,而且种类也越来越多。目前用得最广泛的除了 PCB 板端子外,还有五金端子、螺帽端子、弹簧端子等等。

1. 简介

接线端子是为了方便导线的连接而应用的,它其实就是一段封在绝缘塑料里面的金属片,两端都有孔可以插入导线,有螺丝用于紧固或者松开,比如两根导线,有时需要连接,有时又需要断开,这时就可以用端子把它们连接起来,并且可以随时断开,而不必把它们焊接起来或者缠绕在一起,很方便快捷。而且适合大量的导线互联,在电力行业就有专门的端子排、端子箱,上面全是接线端子,单层的、双层的、电流的、电压的、普通的、可断的等等。一定的压接面积是为了保证可靠接触,以及保证能通过足够的电流。

2. 分类

接线端子可以分为欧式接线端子系列、插拔式接线端子系列、变压器接线端子、建筑物布线端子、栅栏式接线端子系列、弹簧式接线端子系列、轨道式接线端子系列、穿墙式接线端子系列,光电耦合型接线端子系列、110 端子、205 端子、250 端子、187 端子、OD2.2 圆环端子、2.5 圆环端子、3.2 圆环端子、4.2 圆环端子、2 圆环端子、6.4 圆环端子、8.4 圆环端子、11 圆环端子、13 圆环端子旗型系列端子和护套系列、各类环形端子、管形端子、接线端子、铜带铁带(2 - 03、4 - 03、4 - 04、6 - 03、6

-04)等。

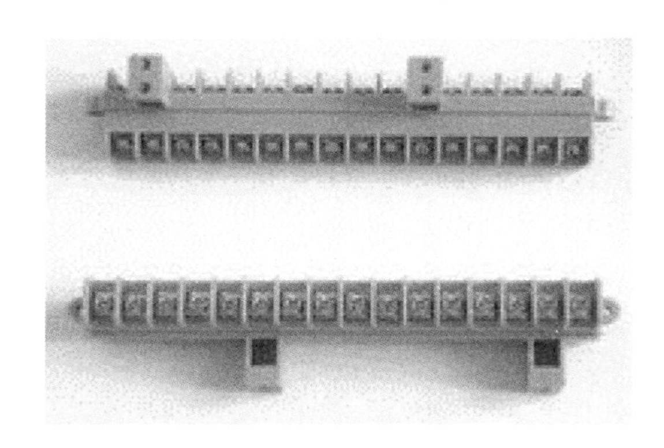

图 3-1-11　接线端子型号 JXP-10/16Z-1

(1)插拔式

图 3-1-12　接线端子型号 JTSA-10/20C

插拔式接线端子由两部分插拔连接而成,一部分将线压紧,然后插到另一部分,这部分在焊接到 PCB 板上。此接底部机械原理,此防震动设计确保了产品长期的气密连接和成品的使用可靠性。插座两端可加装配耳,装配耳在很大程度上可以保护接片并且可以防止接片排列位置不佳,同时这种插座设计可以保证插座可以正确的插进母体。插座也可以有装配扣位和锁定扣位。装配扣位可以起到更加稳固地固定到 PCB 板上,锁定扣位可以在安装完成后锁定母体和插座。各种各样的插座设计可以搭配不同母体的插入方法,如水平、垂直或倾斜于印刷电路板等,可以根据客户的要求选择不同的方式。它既可以选择公制线规也可以选择标准线规,是市场上最热销的端子类型。

（2）栅栏式

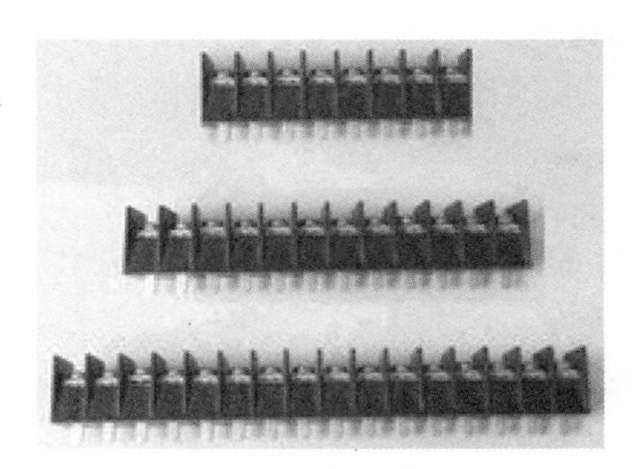

图 3－1－13　接线端子型号 JXP－9.5

栅栏式接线端子是能够实现安全、可靠、有效的连接，特别是在大电流，高电压的使用环境中应用比较广泛。

（3）弹簧式

弹簧式接线端子是利用弹簧性装置的新型接线端子，已广泛应用于世界电工和电子工程工业，如照明、电梯升降控制、仪器仪表、电源、化学和汽车动力等。

图 3－1－14

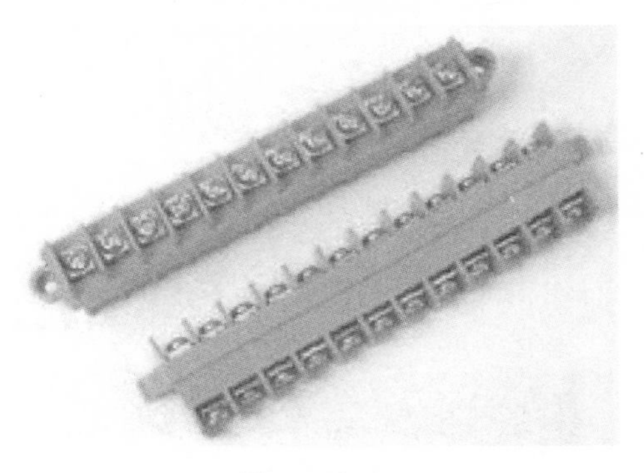

图 3－1－15

采用了可靠的螺纹连接技术、电子熔断技术和最新的电连接技术，广泛用于电力电子、通信、电气控制和电源等领域。

图 3－1－16

（4）轨道式

采用压线和独特的螺纹自锁设计，使得接线连接可靠、安全。该系列接线端子外观设计美观大方，可配用多种附件，如短路片、标识条、挡板等。

（5）穿墙式

采用螺钉连接线技术，绝缘材料为PA66（阻燃等级：UL94，V－0），连接器采用优质的高导电金属材料。

H型穿墙式接线端子可并排安装在1mm到10mm等厚度的面板上，可自动补偿调整面板厚度的距离，组成任意极数的端子排，而且可以使用隔离板来增加空气间隙和爬电距离。不需要任何工具便可将穿墙式接线端子牢固地安装在面板上矩形预留孔里，安装极其方便。

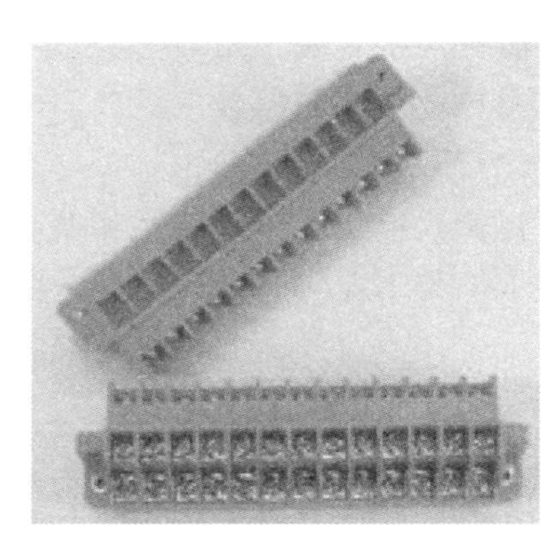

图 3－1－17

H型穿墙式接线端子广泛应用于一些需要穿墙解决方案的场合：电源、滤波器、电气控制柜等电子设备。绝缘性能好，防护等级高，用户只需要直接在外部接线后即可进行工作，省去了许多不必要的接线步骤。UK系列接线端子的绝缘材料用改性的尼龙（PA66），可接4mm^{2}导线电压为800V电流为41A的电器连接产品。

图 3－1－18

3. 实训室配线端子图

实训室配线端子图，如图3－1－19所示。

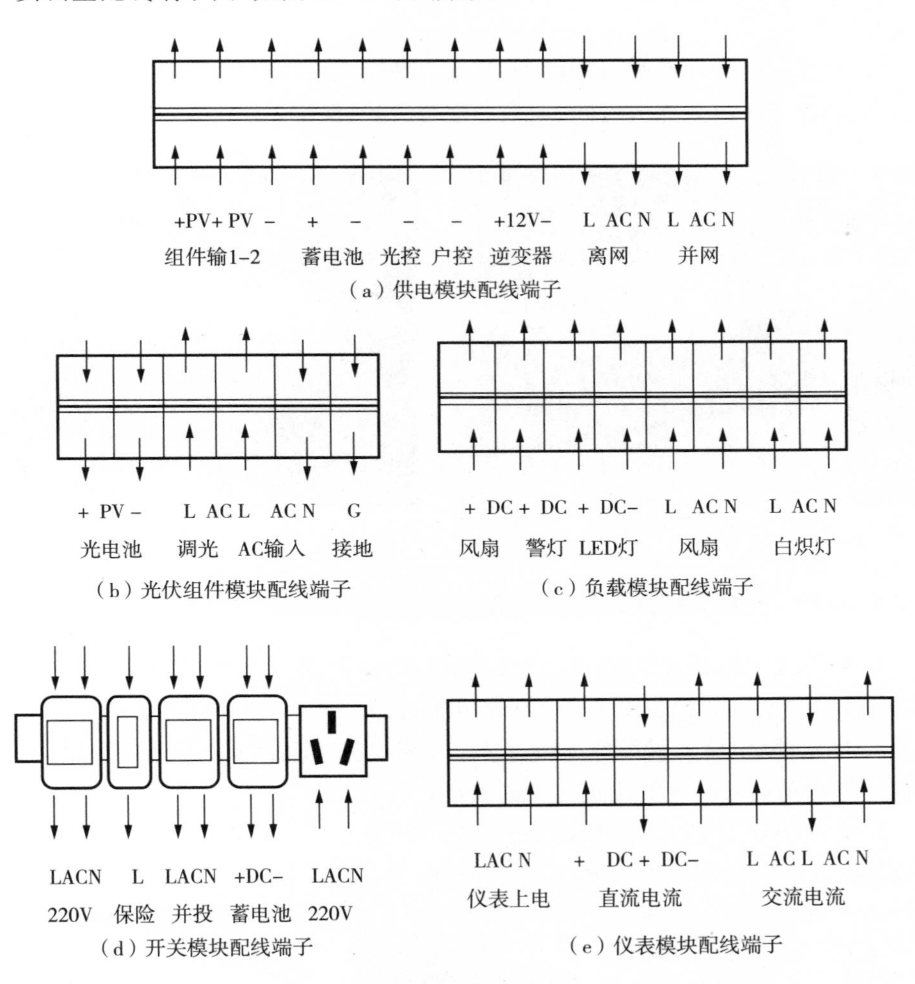

（a）供电模块配线端子

（b）光伏组件模块配线端子

（c）负载模块配线端子

（d）开关模块配线端子

（e）仪表模块配线端子

图3－1－19 实训室配线端子图

第二章 GF－SX10光伏发电实验项目

3.2.1 蓄电池充电实验

1. 打开直流电源，调至14.5V，电流限制在1.1A。

2. 关闭蓄电池开关(断开所有直流输入端),用电源连接线夹入蓄电池开关上部预留的端子头,对应的“+”“-”极,红色为“+”极,黑色为“-”极,参见图 3-2-1。

3. 将蓄电池位 2 个塑料件插入,蓄电池开始充电,充电电流逐步从 1.1A 降至 0.04A,需要 6 小时的充电时间,期间一定要监管,保证安全,参见图图 3-2-2。

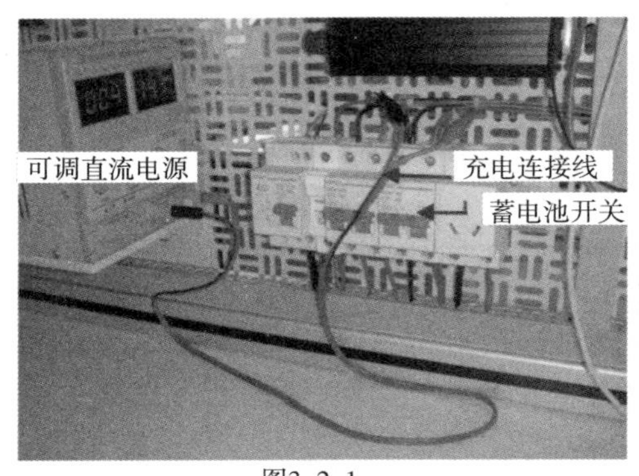

图3-2-1

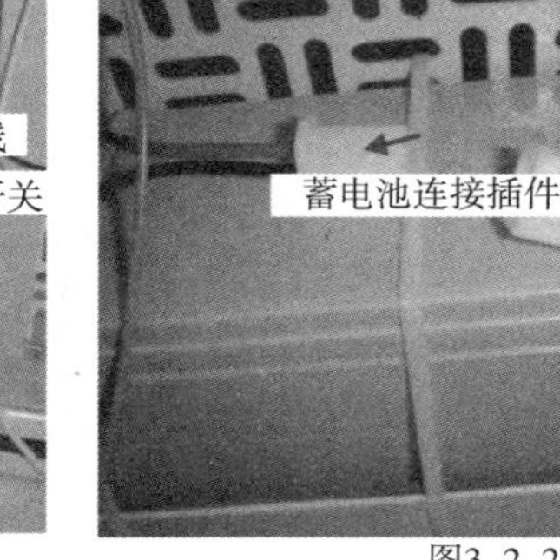

图3-2-2

3.2.2 光电池太阳模拟充电实验

1. 打开光电池接入端头,接入专用测试线(红色测试电流+1 进,长度 720mm,+2 出,长度 720mm,黑色测试光伏组件电压,长度 720mm),参见图 3-2-3。

2. 电流测试,将光伏组件配线进 720mm(红色)和出 720mm(红色),与组件线连接。另一端接入仪表模块直流测试端口,参见图 3-2-4。

3. 电压测试,将光伏组件配线进 720mm(黑色),与组件端口上部线连接。另一端接入仪表模块直流测试端口,参见图 3-2-5。

图3-2-3 接入测试线

图3-2-4 电流测试

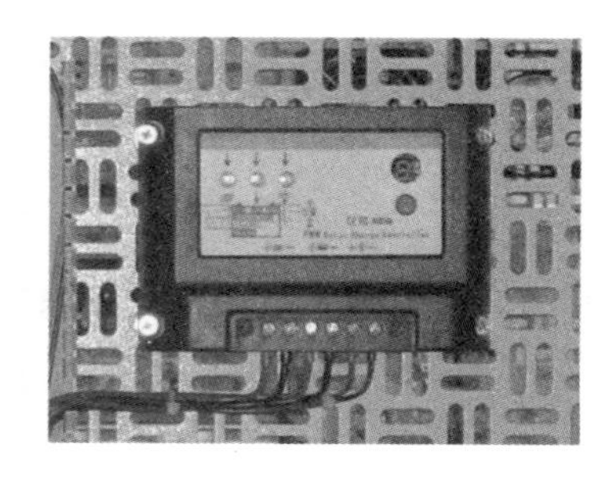

图3-2-5 电压测试

4. 首先开启蓄电池开关，在开启调光开关，缓慢调节模拟太阳灯的照度，注意观察光电池的电压与电流的变化，此时控制器面板光伏指示灯会显示为绿色。

3.2.3　直流负载模拟实验

1. 接入专用测试线(红色 420mm 一根，黑色 420mm 和根)，接入控制器负载输出端口，正极过电流表，负极直接与负载端口连接，共负极，参见图 3－2－6。

2. 按动控制器开关按钮，数码窗 LED 显示当前工作模式，请调整模式为(2.)通用为常开，此时负载输出指示灯点亮，开始输出 12V 直流电。

3. 将电池组件测试线 3 根移过来，进与控制器输出连接，出与需要测试的直流负载。用手拿着测试线端子头，点触直流 LED，警示灯，风扇的端口，即可观察其工作状况，参见图 3－2－7 和图 3－2－8。

4. 测试参数：参见图 3－2－9。

风扇：电压 12.7VDC/电流 0.2A；

警示灯：电压 12.7VDC/电流 0.01A；

LED 灯：电压 12.7VDC/电流 0.26A。

图 3－2－6　接入测试线

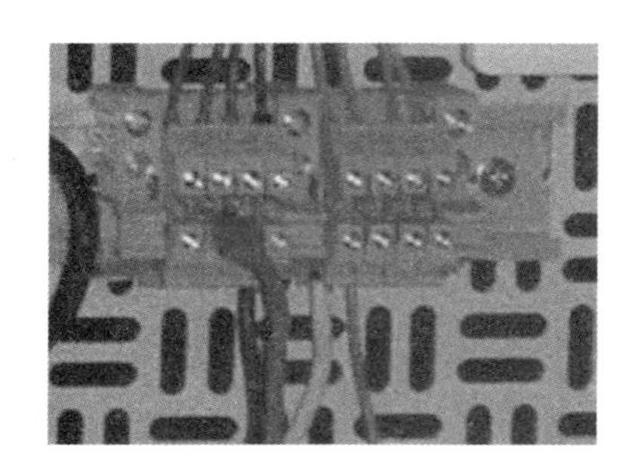

图 3-2-7　接入测试线

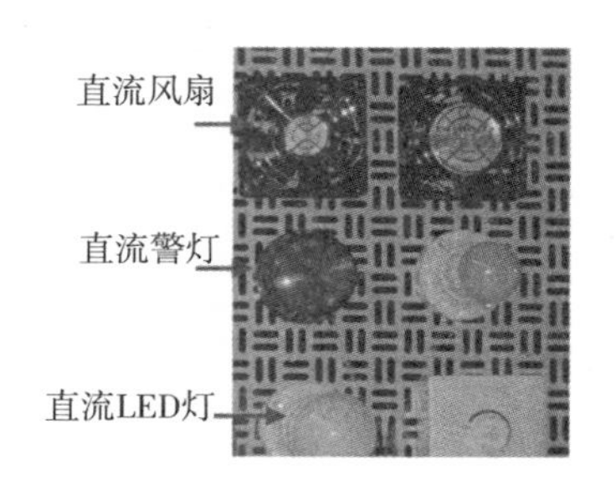

图 3-2-8　观察工作状况

3.2.4　交流负载模拟实验

1. 与仪表连接专用测试线[黄色 580mm 一根，测试 L 极电流(进)；880mm 一根，测试 L 极电流(出)。蓝色 415mm 一根，连接负载 N 极；510mm 一根，测试 N 极电压]。接入控制器负载输出端口，L 极过电流表，N 极直接与负载端口连接，共用零线，参见图 3-2-10。

图 3-2-9　测试参数

2. 将黄色 880mm，黄色 580mm，蓝色 510mm 的测试线接入相对应的交流负载输出端口上，测试交流电压和电流。

3. 将蓝色 415mm 的负载 N 极共用线接入相对应负载输入的端口上，参见图 3-2-11。

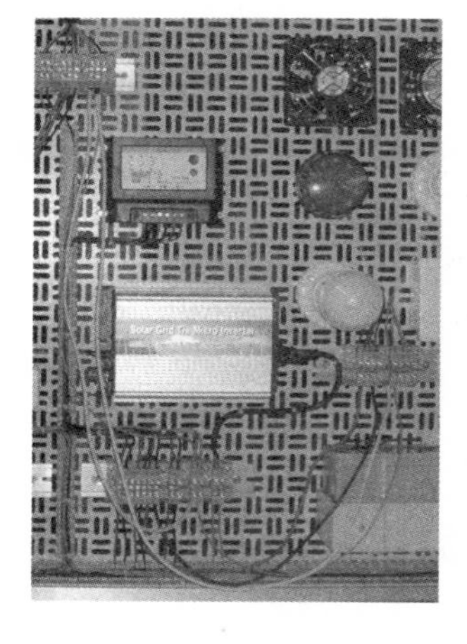

图 3-2-10　连接测试线

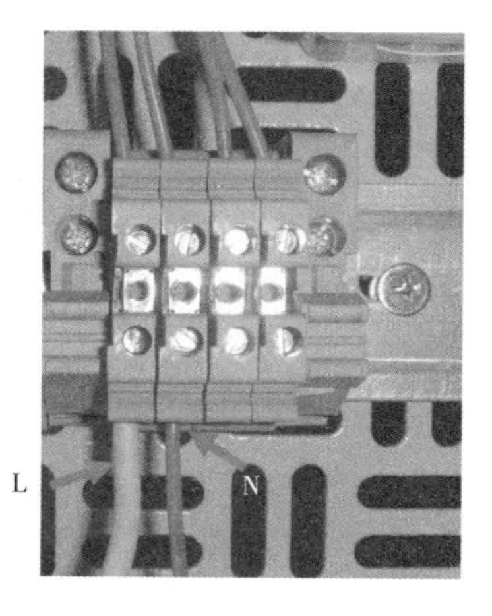

图 3-2-11　接入测试线

4. 打开离网逆变器面板上的船型开关，此时逆变器上的 LED 绿色指示灯点亮，表示正常，参见图3-2-12。

5. 按依次将负载线接入AC220V风扇和白炽灯，即可观察其工作状况，参见图3-2-13图3-2-14。

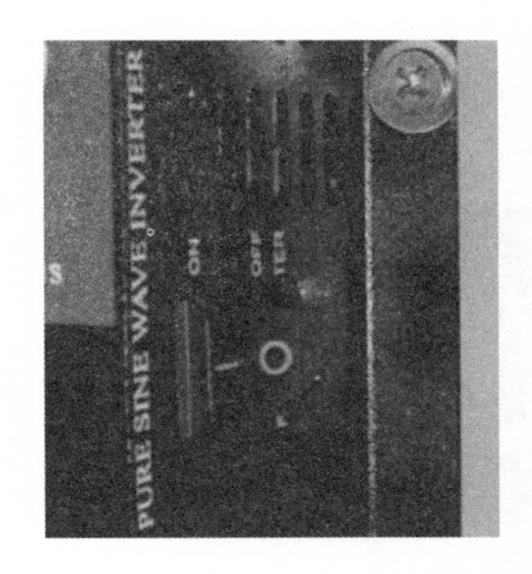

图3-2-12 指示灯亮

图3-2-13 接入负载

图3-2-14 观察工作状况

6. 测试参数：参见图3-2-14。

风扇：交流电压225VAC/电流0.08A；直流电压12.6VDC/电流1.85A。

白炽灯：交流电压225VAC/电流0.11A；直流电压12.6VDC/电流0.69～2.72A，缓慢调节。

3.2.5 并网逆变器实验

1. 断开蓄电池开关，打开可调电源电压调至 12.6V，电流限制在 1A，用线夹夹在蓄电池输出端口，参见图 3-2-15。

2. 打开并网逆变器船型开关，此时逆变器上的 LED 绿色指示灯闪烁，开始采样自检，参见图 3-2-16。

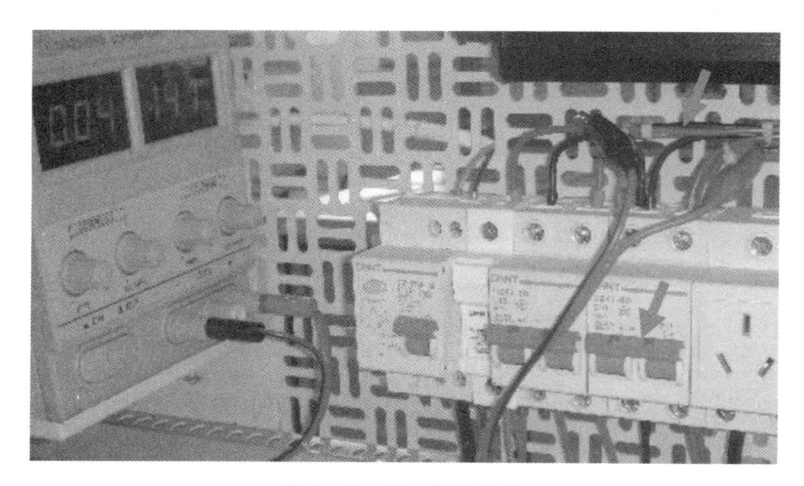

图 3-2-15 调节电路

图 3-2-16 采样自检

3. 开启并网投入开关，1 分钟左右逆变器绿色指示灯停止闪烁，此时逆变器对电网的同频同相和电压进行检测，完毕后常亮，正常馈入市电电网。此时功率有小到额定设置的功率，完成一个周期，参见图 3-2-17。

4. 测试并网逆变器输出波形，参见图 3-2-18。

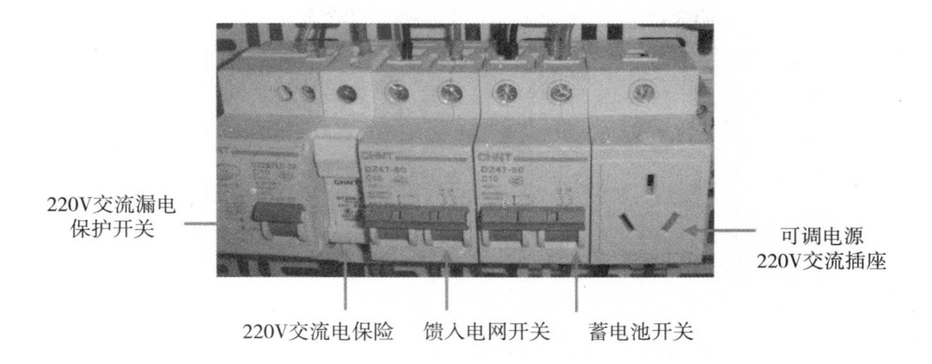

图 3－2－17 断路器开关示意图

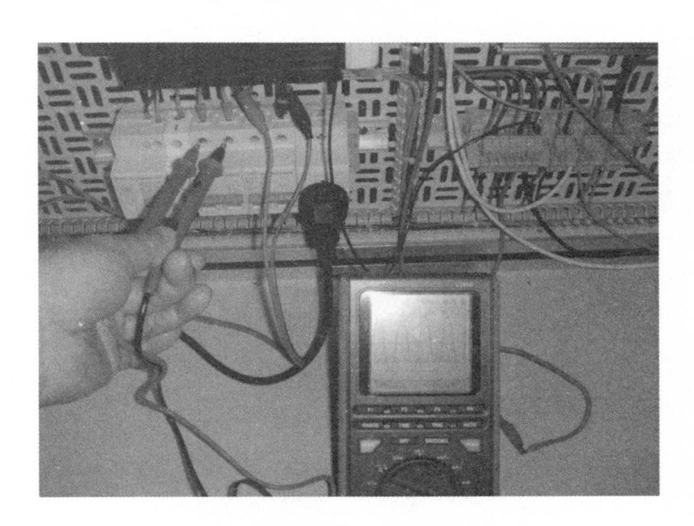

图 3－2－18 测试并网逆变器输出波形

第三章 太阳能电池片组件产品加工工艺实训

本教材适用于中职学生光伏技术应用专业二年级学生使用。二年级学生完成了光伏技术基础知识的学习，掌握了电池片发电原理，了解了电池片结构及组装过程。为锻炼学生动手能力，完善学生对于电池片发电原理的掌握，特开设大组件加工实训。在完成作品，巩固知识的同时，锻炼动手能力，掌握技能，合格的产品还可用于构建学校光伏车棚、小型光伏电站等，具有非常好的效果。

本套实训为大组件加工实训，从电池片开始，最终产品为可使用的太阳能电池板。共分为9个工序，每个工序都有自己的检测方式，要严格遵守执行，制作合格产品，建议每个实训3～4个课时，共42个课时，为一学期使用。实训开始前学生要抄写实训报告，完成要完善报告内容，学期末依据实训报告及产品评定成绩。

在实训中，要做好实训准备工作，做到以下几点：

(1)严格按照产品加工工序进行，不得急功近利，浪费耗材。

(2)按照实训室管理规定，按要求着装，清扫设备、地面，杜绝浪费，禁止损毁设备。

(3)产品及耗材禁止占为私有。

(4)实训设备有高温高压或带电设备，过程中应遵守秩序，营造良好的实训环境，锻炼技能，并做好劳动保护及安全措施。

太阳能电池组件生产工艺介绍

组件线又叫封装线，封装是太阳能电池生产中的关键步骤，没有良好的封装工艺，多好的电池也生产不出好的组件板。电池的封装不仅可以使电池的寿命得到保证，而且还增强了电池的抗击强度。产品的高质量和高寿命是赢得客户满意的关键，所以组件板的封装质量非常重要。

实训室检测及装框设备为高压设备，层压机、焊枪为高温设备，所有设备均采用电机拖动，所以必须严格执行实训室安全使用规定，做好安全教育、安全保护。

(1)劳动保护。需正确穿戴工作帽、工作服、工作鞋、口罩及硅胶手套，做好劳动保护，如图3-3-1所示。禁止裸手拿片。

(2)层压机。如图3-3-2所示，层压机为高温高压设备，使用过程中应防止过度接近受热面及泵体，防止烫伤、夹伤。

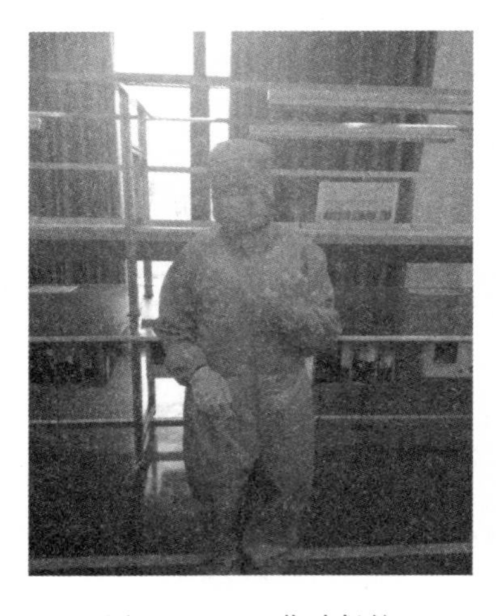

图3-3-1　劳动保护

图3-3-2　层压机

(3)装框机。表框机为高压设备,如图3-3-3所示,应防止高压挤压致伤。

图3-3-3 装框机

实训流程图:

电池检测—激光划片(设计、划片)—正面焊接—检验—背面串接—检验—敷设(玻璃清洗、材料切割、玻璃预处理、敷设)—层压—去毛边(去边、清洗)—装边框(涂胶、装角键、冲孔、装框、擦洗余胶)—焊接接线盒—高压测试—组件测试—外观检验—包装入库。

组件高效和高寿命如何保证:

(1)高转换效率、高质量的电池片;

(2)高质量的原材料,例如:高的交联度的EVA、高黏碱性强的封装剂(中性硅酮树脂胶)高透光率,高强度的钢化玻璃等;

(3)合理的封装工艺;

(4)员工严谨的工作作风。

在这里只简单地介绍一下工艺的作用是给大家一个感性的认识,具体内容后面再详细介绍;

(1)电池测试(如图3-3-4)。由于电池片制作条件的随机性,生产出来的电池性能不尽相同,所以为了有效地将性能一致或相近的电池组用在一起,应根据其性能参数进行分类。电池测试即通过测试电池的输出参数(电流和电压)的大小对其进行分类,以提高电池的利用率,做出质量合格的电池组件。

(2)正面焊接(如图 3-3-5)。是将汇流带焊接到电池正面(负极)的主栅线上,汇流带为镀锡的铜带,我们使用的焊接机可以将焊带以多点的形式点焊在主栅线上。焊接用的热源为一个红外灯(利用红外线的热效应)。焊带的长度约为电池边长的 2 倍。多出的焊带在背面焊接时与后面的电池片的背面电极相连。

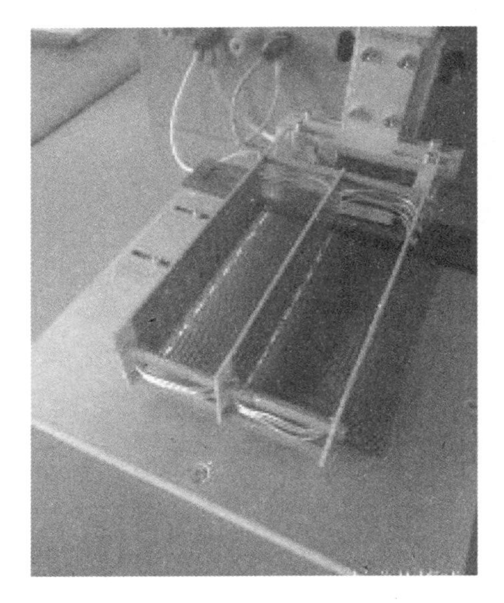

图 3-3-4 电池测试

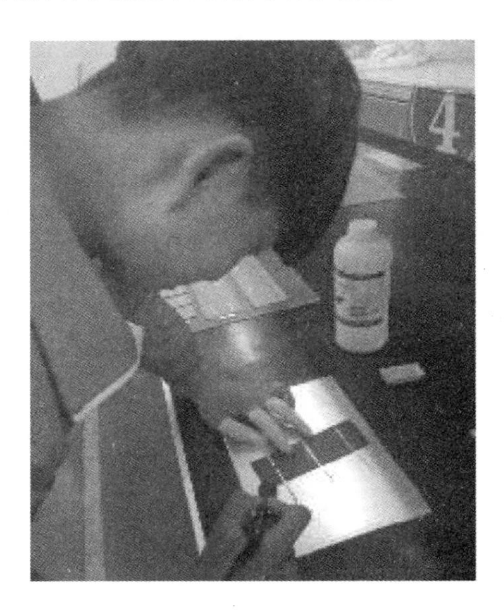

图 3-3-5 正面焊接

(3)背面焊接(如图 3-3-6)。背面焊接是将 36 片电池串接在一起形成一个组件串,我们目前采用的工艺是手动的,电池的定位主要靠一个模具板,上面有 36 个放置电池片的凹槽,槽的大小和电池的大小相对应,槽的位置已经设计好,不同的规格的组件使用不同的模板,操作者使用电烙铁和焊锡丝将"前面电池"的正面电极(负极)焊接到"后面电池"的背面电极(正极)上,这样依次串接并在组件的正负极焊接处引线。

(4)层压敷设(如图 3-3-7)。背面串接好且经过检验合格后,将组件串、玻璃和切割好的 EVA、玻璃纤维、背板按次序敷设好,准备层压。(敷设层次:由上向下为玻璃、EVA、电池片、EVA、背板。)层压时,将敷设好的电池放入层压机内,通过抽真空将组件内的空气抽出,然后加热使 EVA 融化粘接,最后冷却取出组件。层压工艺时组件生产的关键一步,层压温度层压时间根据 EVA 的性质决定。我们使用快速固化 EVA 时,层压循环时间约为 25 分钟。固化温度为 150℃。

图 3 - 3 - 6　背面焊接

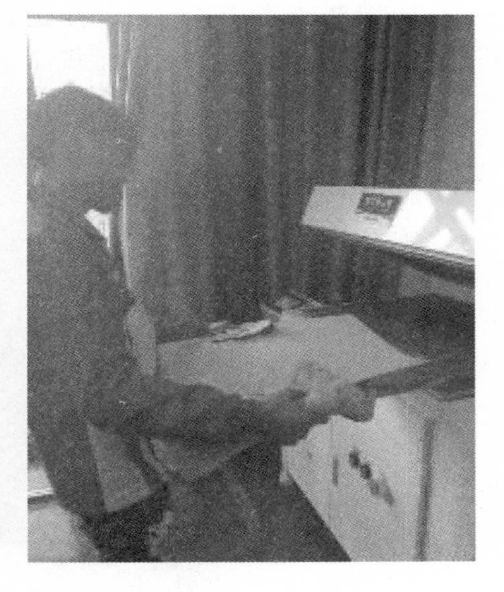

图 3 - 3 - 7　层压敷设

(5)修边、装框、接线盒(如图 3 - 3 - 8 和图 3 - 3 - 9)。层压时 EVA 熔化后由于向外延伸固化形成毛边,所以层压完毕应将其切除。然后给玻璃组件装铝框,增加组件的强度,进一步的密封电池组件,延长电池使用寿命。边框和玻璃组件的缝隙用硅胶填充。在组件背面引线处焊接一个盒子,以利于电池与其他设备或电池间的连接。

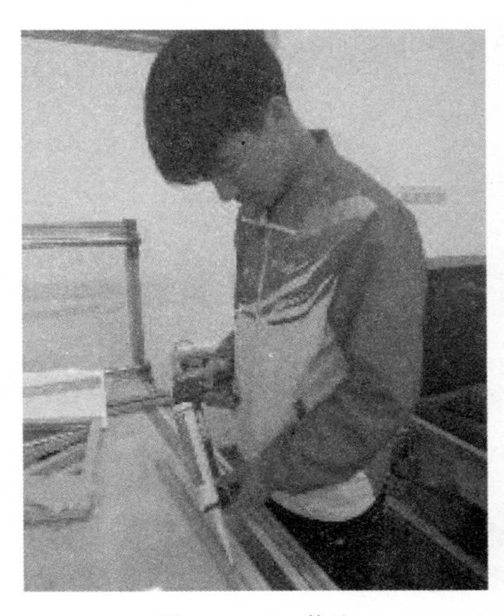

图 3 - 3 - 8　修边

图 3 - 3 - 9　装框

(6)组件测试(如图 3-3-10)。测试的目的是对电池的输出功率进行标定,测试其输出特性,确定组件的质量等级。

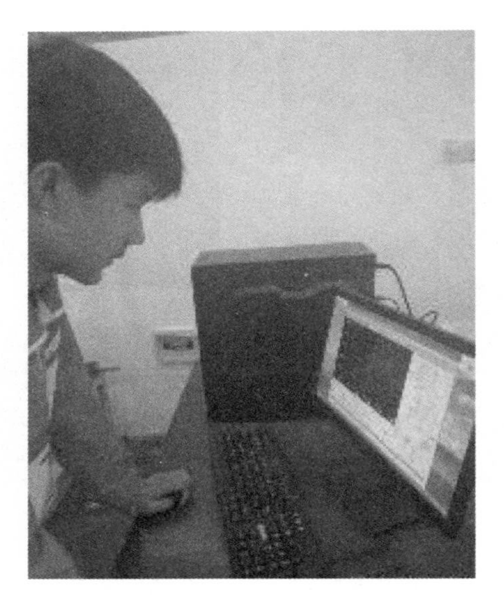

图 3-3-10 组件测试

3.3.1 晶体硅太阳电池片分选

1. 实训任务

通过对电池片的电性能测试,按技术要求对电池片进行分档。

2. 实训设备及辅助工具

设备:单体太阳能电池片测试仪。

3. 材料需求

待检测电池片。

4. 个人劳保配置

工作服、工作鞋、工作帽、口罩、指套。

5. 作业准备

(1)清理工作地面,工作台面,保持干净整洁,工具摆放有序。

(2)检查辅助工具是否齐备,有无损坏,如不完全或齐备及时申领。

6. 作业过程

(1)确认电池片测试仪连接线连接牢固,亚索空气压力正常。

(2)打开操作面板“电源”开关,按下“量程”按钮。

(3)调节嵌位开关,打开气阀。

(4)把电池面放在工作台面上，调整电池面位置，使测试仪探针与主栅线对齐，踩下脚阀测试。

(5)根据测得的电流值进行分档。

(6)记录测试电池片参数，绘制特性曲线。

(7)作业完毕，按流程关闭仪器。

7. 作业检查

检查电池片有无碎裂后隐裂。

8. 工艺要求

(1)不得裸手触及电池片。

(2)缺边角的电池片根据《质量标准》进行取舍。

9. 实验结论：(要求绘制电池片特性曲线及重要参数)

3.3.2 晶体硅太阳电池片激光划片

1. 实训任务

(1)本工序是以初检好的电池片为原材料，在激光划片机上编写划片程序，将电池片按照要求的电性能及尺寸进行切割。

2. 所需设备及工装辅助器具

(1)所需设备：激光划片机。

(2)辅助工具：游标卡尺、镊子、刀片、酒精、无尘布。

3. 材料需求

初检好的电池片。

4. 个人劳保配置

工作时必须穿工作衣、工作鞋、工作帽，口罩、指套。

5. 作业准备

(1)及时的清洁工作台面，清理工作区域地面，做好工艺卫生，工具摆放整齐有序。

(2)检查辅助工具是否齐全有无损坏等，如不完全或齐备时及时申领。

6. 作业过程

(1)按操作规程打开切片机检查设备是否正常。

(2)输入相应程序。

(3)不出激光情况下试走一个循环确认电气机械系统正常。

(4)置白纸于工作台上，出激光，调焦距，调起始点。

(5)置白纸于工作台上，出激光(使白纸边缘紧贴 x 轴、y 轴基准线上并不能弯曲)，试走一个循环。

(6)取下白纸,用游标卡尺测量到精确为止。

(7)置电池片于工作台面上(背面向上),出激光调节电流进行切割,试划浅色线条后再次测量电池片大小,是否在公差范围内。

(8)切割完毕,按操作规程关闭机器。

7. 作业检查

(1)检查电池片大小,是否在公差范围内。

(2)检查电池片是否有隐裂。

8. 工艺要求

(1)切断面不得有锯齿现象。

(2)激光切割深度目测为电池片厚度的2/3,电池片尺寸公差±0.02毫米。

(3)每次作业必须更换指套,保持电极片干净,不得裸手触及电池片。

9. 实验结论:(要求抄写激光划片机开关机操作过程及绘制切片图形)。

3.3.3 晶体硅太阳电池片单焊

1. 实训任务

(1)本工序是将互连带用电烙铁焊接在初检好的电池片上,将单片电池的负极焊起来,便于下道工序串接。

2. 所需设备及工装辅助器具

(1)所需设备:电烙铁。

(2)辅助工具:玻璃、棉签、玻璃器皿、无尘布、酒精壶、木盒。

3. 材料需求

抽检良好的电池片、助焊剂、酒精、互联带(浸泡)、焊锡丝

4. 个人劳保配置

工作时必须穿工作服、工作鞋,佩戴工作帽、口罩、指套。

5. 作业准备

(1)及时地清洁工作台面,清理工作区域地面,做好工艺卫生,工具摆放整齐有序。

(2)检查辅助工具是否齐全,有无损坏等,如不完全或齐备时及时申领。

(3)打开电烙铁检查烙铁是否完好,使用前用测温仪对电烙铁实际温度进行测量,当测试温度和实际温度差异较大时,及时修正。

(4)将少量助焊剂倒入玻璃器皿中备用,将少量酒精倒入酒精喷壶中备用。

(5)将互联带在助焊剂中浸泡,包在塑料袋中,尾巴朝外。

(6)在焊台的玻璃上垫一张纸。

6. 作业过程

(1)把初检好的电池片放在垫好的纸上,负极(正面)向上,检查电池片是否完整,有无色斑。

(2)将浸泡过的互联带平铺在电池片的主栅线内,如发现互联带上助焊剂干涸,则在与主栅线接触的那一面现涂助焊剂。

(3)互联带的拆痕对应电池片曲线,互联带的前端离电池片两条辅栅线距离(左手为前端),用左手指从前端依次均匀的按住户连带,右手拿烙铁,用烙铁头的平面平压互联带的尾端,从尾端第三根辅栅线处从右向左焊接。

(5)当烙铁头离开电池时(即将结束),轻提烙铁头快速拉离电池片。

7. 作业检查

(1)检查电池片有无裂痕、毛刺、堆锡,有无虚焊。

(2)检查电池片上互连带折痕是否一致。

8. 工艺要求

(1)焊接平直、光滑、牢固,用手沿 45 度方向轻提焊带不脱落。

(2)电池片表面清洁,焊接条要均匀的焊在主栅线内。

(3)单片完整,无碎裂现象。

(4)不许在焊接条上有焊锡堆积。

(5)助焊剂每班更换一次,玻璃器皿及时清洗。

(6)作业过程中都必须戴好帽子、口罩指套。

9. 实验结论:(要求写出焊接心得及遇的难题,并讨论解决方案)。

3.3.4　晶体硅太阳电池片串焊

1. 实训任务

本次实训是以模板为载体,将单片焊接好的电池片串接起来,便于下道层叠。

2. 所需设备及工装、辅助器具

(1)所需设备:电烙铁。

(2)所需工装:串焊定位模板,放电池串及翻转用的泡沫板。

(3)辅助工具:镊子、棉签、玻璃器皿、无尘布、酒精壶。

3. 材料需求

焊接良好的电池片、互连条、助焊剂、焊锡丝、酒精。

4. 个人劳保配置:

工作时必须穿工作服、工作鞋、工作帽、口罩、指套。

5. 作业准备

(1)清理工作区域地面,工作台面卫生,保持干净整洁,工具摆放有序。

(2)检查辅助工具是否齐备,有无损坏,如不完全或齐备时及时申领。

(3)打开电烙铁,检查烙铁是否完好,使用前用测温仪对电烙铁实际温度进行测量,当测试温度和实际温度差异较大时即时修正。

(4)在酒精壶中加适量酒精备用。

(6)根据所做组件大小,确定选择相对模板。

6. 作业过程

(1)将单焊好的电池片的互联条均匀地涂上助焊剂。

(2)将电池片露出互联条的一端向右,依次在模板上排列好,正极(背面)向上,互联条落在下一片的主栅线内。

(3)将电池片按模板上的对正块、对齐条对好,检查电池片之间的间距是否均匀且相等,同一间距的上、中、下口的距离相等,防止喇叭口的现象。

(4)检查电池片背电极与电池正面互联条是否在同一直线,防止片之间互联条错位。

(5)焊接下一片电池时,还要顾及前面的对正位置要在一条线,防止倾斜。

(6)电池对正好后,用左手轻轻由左至右按平互联条,使之落在背电极内,右手拿烙铁头的平面轻压互联条,由左至右快速焊接,要求一次焊接完成。

(7)烙铁头若有多余的锡要求及时地擦拭干净。

(8)电池片之间相连的互联条头部可有 3mm 距离不焊。

(9)在焊接过程中,若遇到个别尺寸稍大的片子,可将其放在尾部焊接;若遇到频率较高,只要能保证前后间距一致无喇叭口,总长保持,即可焊接。

(10)虚焊、毛刺、麻面的修复不得在泡沫板上,应放到模板上进行。

(11)虚焊时,助焊剂不可涂得太多,擦拭烦琐。

(12)擦拭电池片时,用无纺布蘸少量酒精小面积顺着互联条轻轻擦拭。

(13)焊接好的电池串,需正面检查,将其放在泡沫板上,再在上面放一块泡沫板,双手拿好板轻轻翻转,放平即可。

(14)检查完的电池串放到泡沫板上,每块泡沫板只能放一串电池,要求电池串正面向上。

7. 作业检查

(1)检查焊接好的电池串,互联条是否落在背电极内。

(2)检查电池片正面是否有虚焊、毛刺、麻面、堆锡等。

(3)检查电池串表面是否清洁,焊接是否光滑。

(4)检查电池串中有无隐裂及裂纹。

(5)焊好烙铁不用时需上锡保养,工作做完即可关闭电源。

8. 工艺要求

(1)互联条焊接平直光滑,无凸起、毛刺、麻面。

(2)电池片表面清洁,焊接条要均匀落在背电极内。

(3)单片完整无碎裂现象。

(4)不许再焊条上有焊锡堆积。

(5)指套、助焊剂每班更换,玻璃器皿要清洗干净。

(6)烙铁架上的清洁海绵清洗干净。

(7)缺角的电池片按规定使用。

(8)作业中需带指套,不得裸手触片。

9. 实验结论

要求画出电池串图纸,精确到毫米;写出焊接中遇到的问题及解决方法。

3.3.5　晶体硅太阳电池片叠层

1. 实训任务

本次实训是以钢化玻璃为载体,在乙酸乙烯酯共聚物(EVA胶膜)上将串好的电池串用汇流带按照设计图纸要求进行正确连接,拼接成所需电池方阵,并覆盖EVA胶膜和TPT背板材料完成层叠过程。为了保证过程中拼接电极的正确,通过模拟太阳光源对叠层完成的电池组件进行电性能测试检验。

2. 所需设备及工装、辅助工具

(1)所需设备:叠层中测工作台。

(2)所需工装:叠层定位模板、电池串翻转泡沫板。

(3)辅助工具:钢板尺300mm规格,精度0.5mm、镊子、斜口钳、棉签、玻璃器皿、无尘布、酒精壶、高温透明胶带。

3. 材料需求

焊接良好的电池串、钢化玻璃、乙酸乙烯酯共聚物(EVA胶膜)、TPT、汇流带、TPT小块和EVA小块、条形码、助焊剂、酒精、焊锡丝。

4. 个人劳保配置

工作时必须穿工作服、工作鞋,佩戴工作帽、口罩、指套。

5. 作业准备

(1)清理工作区域地面,工作台面卫生,保持干净整洁、工具摆放有序。

(2)检查辅助工具是否齐备,有无损坏等,如不完全或齐备时及时申领。

(3)插上电源,检查电烙铁完好。使用前用测温仪对电烙铁实际温度进行测量,当测试温度和实际温度差异较大时及时修正。

(4)将少量助焊剂倒入玻璃器皿中备用。

(5)将少量酒精倒入酒精喷壶中备用。

(6)根据叠层图纸要求选择叠层定位模板。

6. 作业过程：

(1)将钢化玻璃抬至叠层工作台面上，玻璃绒面向上，检查钢化玻璃有无缺陷。

(2)将玻璃四角和叠层台上角标靠齐对正，用无纺布对玻璃进行清洁。

(3)在钢化玻璃上平铺一层 EVA 胶膜，胶膜无方向。

(4)在玻璃两端 EVA 胶膜上放好符合组件版型设计的叠层定位模板，注意和玻璃四角靠齐对正。

(5)将放有电池串的泡沫板抬至工作台上，放稳。

(6)检查电池串一面有无裂片、缺角、隐裂、移位、虚焊等现象。

(7)清洁表面异物、残留助焊剂。

(8)将所测电压值填在报告后面。

7. 外观检测

(1)将组件放在检查支架上。

(2)检查组件极性是否接反。

(3)检查组件表面有无异物、缺角、隐裂。

(4)检查组件串间距是否均匀一致，检查片间距是否均匀一致。

(5)检查组件 EVA 与 TPT 完全盖住玻璃板。

(6)组件表面无异物、隐裂、裂片。

8. 工艺要求

(1)电池串定位准确，串接汇流带平行间距与图纸要求一致。

(2)汇流带长度与图纸要求一致。

(3)组件内无裂片、隐裂、缺角、印刷不良、极性接反、短路、断路、电池串引出电极正确。

(4)汇流带平直无折痕，焊接良好无虚焊、假焊、短路等。

(5)组件内无杂质、污迹、助焊剂残留、焊带头、焊锡渣。

(6)EVA 与 TPT 完全覆盖住玻璃板。

(7)EVA 无杂物、变质、变色等现象。

(8)TPT 无褶皱、划伤。

(9)组件两端汇流带距离玻璃边缘符合尺寸要求。

(10)缺角电池片尺寸按规定使用。

(11)玻璃平整，无缺口、划伤。

(12)所测组件的电压必须在组件测试电压规定的范围内，不得小于此范围。

(13)每班更换指套,操作中不得裸手触片。

(14)助焊剂、酒精每班更换,玻璃器皿清洗干净。

9. 实验结论

要求画出叠层结构图;要求记录组件中测电压电流等主要参数;要求记录过程中遇到的问题及解决方案。

3.3.6 晶体硅太阳电池片层压

1. 实训任务

将拼接好的电池组件热压密封。

2. 所需设备及工装、辅助工具

(1)所需设备:全自动组件层压机。

(2)所需工装:电脑一套。

(3)辅助工具:组件操作台、纤维布(上下两层)、美工刀。

3. 材料需求

叠层检验好的电池组件、酒精。

4. 个人劳保配置

工作时必须穿工作服、工作鞋,佩戴工作帽、口罩。

5. 作业准备

清理工作区域地面,工作台面卫生,擦拭纤维布和层压机A、B、C三级,使其表面保持干净整洁,工具摆放有骗子。

6. 作业过程

(1)打开设备电源开关。

(2)选择按下开始运行进入工作方式选择界面,再按下参数设置进入参数设置界面,设置好参数。

(3)按返回状态键返回工作选择界面,按下手动进入手动工作界面。

(4)打开热油泵开关,打开加热开关。

(5)温度达到设定值后,打开真空泵开关。

(6)在手动状态下将上盖打开到位,并将B级手动运行到停止位然后进入自动工作状态。

(7)在A级上有秩序的放入待压组件,然后按下A级按钮直到A级有料位。

(8)按下入料按钮,此时层压机自动将组件送入加热板上并自动合盖,按照设定好的工艺参数进入层压作业环节。

(9)此时可将A级再次放入组件等待。

(10)层压完毕后上盖自动打开,然后C级将组件送出,同时A级将另一炉组件送入,进行下一个层压循环。

(11)每次层压完毕必须迅速将组件取出,待冷却后用美工刀修边。

7. 作业检查

(1)作业前检查

① 检查叠层好的组件进入机器前是否完全被布遮盖。

② 检查温度是否已达设定值,若温度已达到,检查真空泵开关是否已打开。

(2)作业中检查

① 上室或下室处于真空状态时,检查真空表是否达到99.0kPa以上,充气状态时真空泵是否接近0。

② 出现一场情况是,检查报警原因,通过紧急开盖处理故障。

(3)作业后检查

① 检查组件是否有气泡。

② 检查组件表面是否有异物、裂片、缺角。

③ 检查组件串间距离是否均匀一致;检查片间距是否均匀一致。

④ 检查互联条、汇流带是否弯曲,表面是否有锡渣、焊疤。

⑤ 检查TPT上是否有EVA及杂质,可用酒精清除。

⑥ 检查合格后流入下道工序。

8. 工艺要求

(1)组件内单片无碎裂、无明显位移。

(2)层压作业前,必须让层压机自动运行几次空循环,以清除腔内残余气体。

(3)放入铺好的叠层组件时,要迅速进入层压状态。

(4)开盖后,迅速拿出层压完的组件。

9. 实验结论:要求写出层压步骤。

3.3.7 晶体硅太阳电池组片检测

1. 实训任务

本工序是对组件进行电性能测试。

2. 所需设备及工装、辅助工具

(1)所需设备:组件测试仪。

(2)所需工装:电脑一套。

(3)辅助工具:连接线。

3. 材料需求

电池组件。

4. 个人劳保配置

工作时必须穿工作服、工作鞋，佩戴工作帽、口罩。

5. 作业准备

清理工作区域地面，工作台面卫生，擦拭纤维布擦拭干净玻璃台面。

6. 作业过程

(1)把组件放在工作台面上的规定位置。

(2)正确连接正负极。

(3)打开仪器和电脑，点击“测试”。

(4)记录电性能参数。

(5)操作完毕，按照规程关闭仪器。

7. 作业检测

组件各部分性能参数符合要求。

8. 工艺要求

(1)测试时，组件位置固定。

(2)测试两次取平均值。

9. 实验结论

(1)要求各组分别绘制电性能曲线图。

(2)要求各组详细记录组件相关参数，讨论各参数用途，并形成结论。

3.3.8 晶体硅太阳电池组片装框及接线盒

1. 实训任务

本工序是对组件进行装框及接线盒，以便于工程安装及使用。

2. 所需设备及工装、辅助工具

(1)所需设备：组件测试仪气压装柜台。

(2)所需工装：气动胶枪、电烙铁。

(3)辅助工具：橡皮锤、钢丝钳、镊子、剪刀。

3. 材料需求

组件、铝合金边框、接线盒、硅胶。

4. 个人劳保配置

工作时必须穿工作服、工作鞋，佩戴工作帽、口罩。

5. 作业准备

清理工作区域地面，保持工作台面卫生。

6. 作业过程

(1)在铝合金外框的凹槽中打入硅胶，硅胶量约占凹槽一半左右。

(2)把组件嵌入外框的凹槽中，组件正面朝外。

(3)用气动装框台或橡皮锤组合铝合金外框。

(4)用硅胶涂在接线盒四周安装处。

(5)组件引线穿过引线孔，把接线盒与 TPT 粘接。

(6)用电烙铁将引线焊接在接线盒相应位置上(注意正负极)。

(7)盖上盒盖。

7. 作业检测

(1)检查四角是否安装到位。

(2)检查组件与边框连接处是否溢胶，如无则需补胶。

(3)检查接线盒是否安装到位，避免倾斜。

(4)接线盒与 TPT 连接处四周硅胶要溢出。

8. 工艺要求

(1)外框安装平整、挺直。

(2)组件与框架连接处必须有硅胶密封。

(3)接线盒与 TPT 连接处必须有硅胶密封。

(4)引线电极不得颠倒。

(5)引线焊接不得虚焊。

9. 实验结论

3.3.9 晶体硅太阳电池组片清理

1. 实训任务

本工序是对组件进行清理，保持组件外观干净整洁。

2. 所需设备及工装、辅助工具

辅助工具：美工刀、无尘布、酒精、清洁球。

3. 材料需求

组件。

4. 个人劳保配置

工作时必须穿工作服、工作鞋，佩戴工作帽、口罩。

5. 作业准备

清理工作区域地面，工作台面卫生。

6. 作业过程

(1)双手搬动组件，轻放在工作台上，TPT朝上。

(2)用无尘布沾上酒精擦拭TPT，检查是否有漏胶。

(3)用清洁布清理铝合金边框。

7. 作业检查

检查是否有漏胶的地方，擦拭不干净的地方。

8. 工艺要求

(1)操作时必须双手搬动组件。

(2)不得用美工刀清理TPT。

9. 实验结论

图书在版编目(CIP)数据

光伏技术实训与技能/江杰明,孙化锋主编 . —合肥:合肥工业大学出版社,2018.6
ISBN 978-7-5650-4025-2

Ⅰ.①光… Ⅱ.①江…②孙… Ⅲ.①太阳能光伏发电 Ⅳ.①TM615

中国版本图书馆 CIP 数据核字(2018)第 124460 号

光伏技术实训与技能

江杰明　孙化锋　主编

责任编辑	张择瑞
出版发行	合肥工业大学出版社
地　　址	(230009)合肥市屯溪路 193 号
网　　址	www.hfutpress.com.cn
电　　话	理工编辑部:0551-62903204 市场营销部:0551-62903198
开　　本	710 毫米×1000 毫米　1/16
印　　张	9
字　　数	165 千字
版　　次	2018 年 6 月第 1 版
印　　次	2018 年 8 月第 1 次印刷
印　　刷	安徽昶颉包装印务有限责任公司
书　　号	ISBN 978-7-5650-4025-2
定　　价	25.00 元

如果有影响阅读的印装质量问题,请与出版社市场营销部联系调换。